技工院校省级示范专业群建设规划教材

自动化生产线装调技术

王树喜　孟宪雷　主　编
赵艾青　段慧龙　副主编

化学工业出版社
·北京·

本书共分六个项目，包括认识自动化生产线、供料单元、搬运单元、装配单元、机器人分类储存单元、生产线整体装调，分别叙述了生产线各部分的结构、原理、装调方法及控制电路软硬件内容，图文并茂，实用性强。

本书可作为职业学校、技工学校的教材，也可作为相关人员的培训教材，还可作为技术人员学习用书。

图书在版编目（CIP）数据

自动化生产线装调技术/王树喜，孟宪雷主编. —北京：化学工业出版社，2018.3

技工院校省级示范专业群建设规划教材

ISBN 978-7-122-31557-1

Ⅰ.①自… Ⅱ.①王…②孟… Ⅲ.①自动生产线-安装-职业教育-教材②自动生产线-调试方法-职业教育-教材 Ⅳ.①TP278

中国版本图书馆CIP数据核字（2018）第036591号

责任编辑：廉　静　　文字编辑：陈　喆

责任校对：王素芹　　装帧设计：王晓宇

出版发行：化学工业出版社（北京市东城区青年湖南街13号　邮政编码100011）

印　　刷：三河市航远印刷有限公司

装　　订：三河市瞰发装订厂

787mm×1092mm　1/16　印张9½　字数237千字　2018年5月北京第1版第1次印刷

购书咨询：010-64518888（传真：010-64519686）　售后服务：010-64518899

网　　址：http：//www.cip.com.cn

凡购买本书，如有缺损质量问题，本社销售中心负责调换。

定　　价：28.00元

版权所有　违者必究

前言

泰安技师学院“电气自动化设备安装与维修专业群”是山东省首批技工院校省级示范专业群建设项目。为做好这一建设项目，学院省级示范专业群建设领导小组按照省级示范专业群建设项目要求，组织编写《自动化生产线装调技术》，本书为示范专业群建设项目内容之一。

《自动化生产线装调技术》是针对技工院校机电类专业编写的一体化教材。本书以DLDS-500AR生产线为平台，以“理论够用，重视操作”为原则，系统地介绍了生产线组成、各单元的结构原理、装配方法、控制原理、电路安装步骤及方法、控制流程及程序设计等内容。

本书具有以下特点。

① 以任务驱动：将完成项目任务作为目的，精选教学内容，突出教材的实用性，知识点分布由浅入深，从简到繁。

② 理论-实践一体化：做到“教、学、做”一体化。本书在框架上由知识目标、技能目标、项目描述、项目分析、知识准备、任务实施、项目评价、拓展练习组成。

③ 内容通俗易懂：图文并茂，简单易懂。

本书由王树喜、孟宪雷主编，赵艾青、段慧龙副主编，吕杰同志参加了教材的编写。其中，王树喜编写项目二、三、五和项目六的程序；孟宪雷编写项目一，并对全书统稿；孟宪雷、吕杰编写项目六；赵艾青编写项目四；段慧龙编写项目二、三中的PLC程序，并审稿。

本书在编写过程中，得到了泰山玻纤有限公司设动部部长温广勇及其工作团队的热情支持与大力帮助，学院实习部和专业教研组的同志提出了许多宝贵意见，在此一并致谢。

由于编者水平有限，书中难免存在不足之处，敬请广大读者和同行批评指正。

编者

目录
CONTENTS

项目一
认识自动化生产线

知识目标

① 了解自动化生产线的概念和应用。
② 了解自动化生产线的运行特性与技术特点。
③ 了解自动化生产线在实际工程中的应用。
④ 了解 DLDS-500AR 模块化柔性生产线各组成单元及基本功能。

技能目标

① 会识别自动化生产线。
② 掌握 DLDS-500AR 模块化柔性生产线控制流程及基本操作。

项目描述

自动化生产线是现代工业的基础，主导和支撑机械制造、电子信息、石油化工、轻工纺织、食品医药、汽车生产以及军工业等现代化工业的发展。

自动化生产线是在流水线和自动化专机的功能基础上逐渐发展形成的自动工作的机电一体化的装置系统。按照特定的生产流程，将各种自动化专机连接成一体，并通过气动、液压、电机、传感器和电气控制系统使各部分的动作联系起来，使整个系统按照规定的程序自动地工作，连续稳定地生产出符合技术要求的特定产品。

项目分析

本项目按如下步骤进行，逐步完成项目任务：
① 认识自动化生产线。
② 了解自动化生产线在实际工程中的应用。
③ 了解 DLDS-500AR 模块化柔性生产线各组成单元及基本功能。
④ 掌握 DLDS-500AR 模块化柔性生产线控制流程及基本操作。

知识准备

一、自动化生产线的概念

自动化生产线是在流水线的基础上逐渐发展起来的。采用自动输送装置，将若干台自动机床按工序顺序的排列连成一个整体，并用控制系统按规定的工艺程序来自动操纵工件的输送、定位、夹紧和机械加工的生产线称为机械加工自动化生产线，简称自动线。

二、自动化生产线的特点

它不仅要求自动线上各种机械加工装置能自动地完成预定的各道工序及工艺过程，使产品成为合格的制品，而且要求在装卸工件、定位夹紧、工件在工序间的输送、工件的分拣甚至包装等方面都能自动地进行。其特点如下：

① 运行高度自动化。

② 控制系统网络化。

③ 生产节奏严谨化。

三、自动化生产线的技术构成

自动生产线技术通过一些辅助装置按工艺顺序将各种机械加工装置连成一体，并使液压、气压和电气系统各个部分动作系统起来，完成预定的生产加工任务。

自动生产线技术综合机械技术、PLC 控制技术、传感技术、驱动技术、机器人技术、人机接口技术和网络通信技术等技术于一体。

四、自动化生产线的应用

自动生产线广泛用于工业、农业、军事、科学研究、交通运输、商业、医疗、服务和家庭等方面。采用自动生产线，不仅可以把人从繁重的体力劳动、部分脑力劳动以及恶劣、危险的工作环境中解放出来，而且能扩展人的器官功能，极大地提高劳动生产率，增强人类认识世界和改造世界的能力。

1. 某玻纤公司包装线

某玻纤公司原丝生产工序的包装工段工艺流程为：原丝烘干后，由丝盘架经轨道传送而来，由机器人从丝盘架上一一取下，由质检人员逐一检测，再由机器人码垛，由打包机打包，经轨道传送到库房。流程及部分工序如图 1-1、图 1-2 所示。

图 1-1 玻纤原丝包装线示意图

图 1-2 玻纤原丝机器人码垛、立体库存储图

2. 某玻纤公司织布自动线

某玻纤公司织布工艺流程：包括玻纤丝盘由放料装置进料、自动织布、卷制布匹、布匹切割等生产工序。织布过程如图 1-3 所示。

图 1-3 自动织布生产线

图 1-4 汽车生产线

3. 汽车生产线

某汽车公司生产线由多个机器人及专用设备组成，进行汽车的焊接、冲压、装配、输送等生产过程。制造过程如图 1-4 所示。

知识链接

一、认识 S7-200 SMART

S7-200 SMART 系列微型可编程控制器，结构紧凑，组态灵活，具有功能强大的指令集，根据过程控制逻辑监视输入并更改输出状态，用户程序可以包含布尔逻辑、计数、定时、复杂数学运算以及与其他智能设备的通信。

1. S7-200 SMART CPU

CPU 将电源、输入和输出电路组合到一个设计紧凑的外壳中，形成功能强大的微型 PLC（图 1-5）。

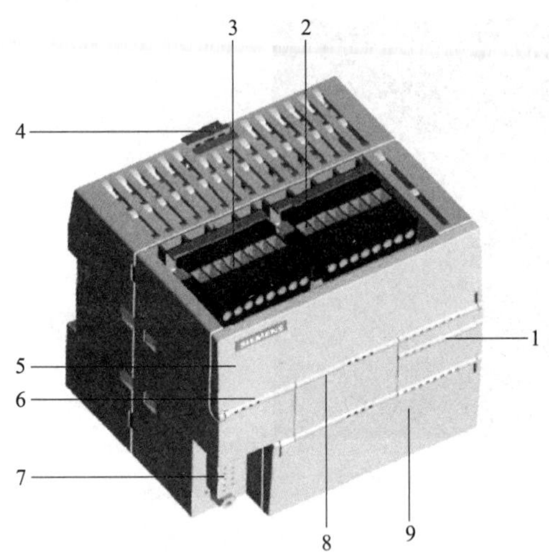

图 1-5 PLC 外形图

1—I/O 的 LED；2—端子连接器；3—以太网通信端口；4—用于在标准（DIN）导轨上安装的夹片；5—以太网状态 LED（保护盖下面）：LINK，RX/TX；6—状态 LED：RUN、STOP 和 ERROR；7—RS485 通信端口；8—可选信号板（仅限标准型）；9—存储卡连接（保护盖下面）

CPU 具有不同型号，它们提供了各种各样的特征和功能，常用型号有：

标准型：SR20/SR30/SR40/SR60，ST20/ST30/ST40/ST60。

经济型：CR40/CR60。

2. S7-200 SMART 扩展模块

S7-200 SMART 系列包括诸多扩展模块、信号板和通信模块，常用模块如下。

数字模块：EM DI08，EM DR08、DT08，EM DR16、DT16、DR32、DT32。

模拟量模块：EM AI04，EM AQ02，EM AM06。

温度控制模块：EM AR02，EM AT04。

信号板：SB DT04，SB AQ01，SB AQ01，SB CM01。

3. 适用于 S7-200 SMART 的 HMI 设备

S7-200 SMART 支持 Comfort HMI、SMART HMI、Basic HMI 和 Micro HMI。

4. 通信方式

CPU、编程设备和 HMI 之间通信有多种方式：以太网、PROFIBUS、RS485、RS232。

5. 编程软件

STEP 7-Micro/WIN SMART 提供了一个用户友好的环境，供用户开发、编辑和监视控制应用所需的逻辑。STEP 7-Micro/WIN SMART 提供三种程序编辑器（LAD、FBD 和 STL），用于方便高效地开发适合用户应用的控制程序。其界面如图 1-6 所示。

（1）计算机要求

STEP 7-Micro/WIN SMART 在个人计算机上运行。计算机应满足以下最低要求：

① 操作系统：Windows XP SP3（仅 32 位）、Windows 7（支持 32 位和 64 位）。

② 至少 350MB 的空闲硬盘空间。

（2）安装 STEP 7-Micro/WIN SMART

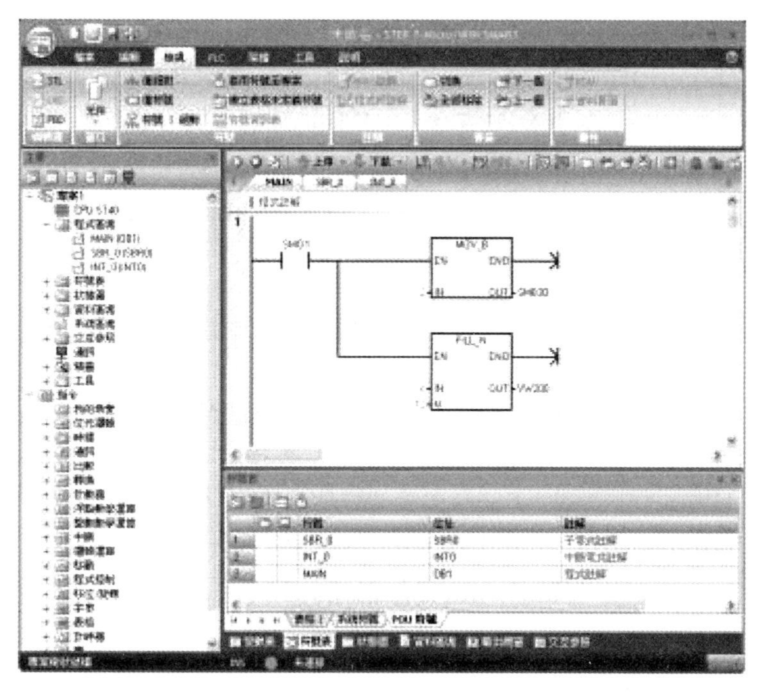

图 1-6 编程软件界面

将 STEP 7-Micro/WIN SMART CD 插入到计算机的 CD-ROM 驱动器中，或联系您的 Siemens 分销商或销售部门，从客户支持网站下载 STEP7-Micro/WIN SMART。安装程序将自动启动并引导您完成整个安装过程。

说明：要在 Windows 操作系统上安装 STEP 7-Micro/WIN SMART，必须以管理员权限登录。

6. 新功能

STEP 7-Micro/WIN SMART V2.1 和 S7-200 SMART V2.1 CPU 引入了以下新功能。

① EM DP01：智能扩展模块支持 MPI 协议和 PROFIBUS DP V0 和 V1 作为从站。

② EM AM03：带有两个模拟量输入和一个模拟量输出的模拟量扩展模块。

③ EM AR04：带有四个 RTD 输入通道的模拟量扩展模块。

④ EM AE08：带有八个模拟量输入通道的模拟量扩展模块。

⑤ EM AQ04：带有四个模拟量输出通道的模拟量扩展模块。

⑥ SB AE01：带有一个模拟量输入通道的信号板。

⑦ 增强了 PTO 和 PWM 功能的 PLS 指令。

⑧ 性能增强。

二、S7-200 SMART 基本操作

STEP 7-Micro/WIN SMART 可简化对 CPU 的编程。只需一个简单示例和几个简短步骤，即可学会用户程序的创建方法，下载该程序并在 CPU 中运行。

1. 连接到 CPU

连接 CPU 十分容易，只需将电源连接到 CPU，用以太网通信电缆连接编程设备与 CPU。

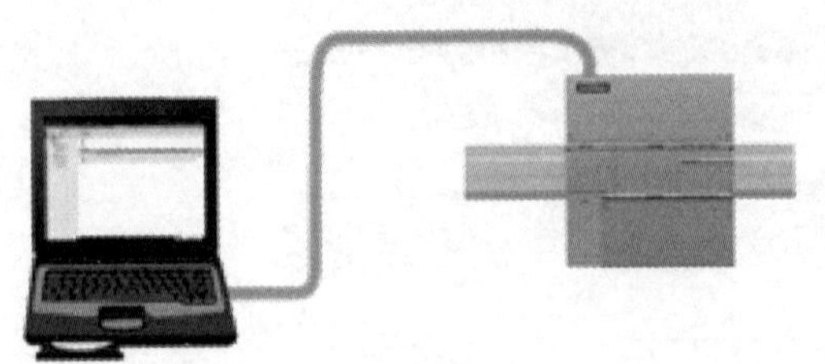

图 1-7 计算机和 PLC 连接图

2. 组态 CPU 以进行通信

(1) 概述

CPU 可以与以太网上的 STEP 7-Micro/WIN SMART 编程设备进行通信，如图 1-7 所示。

在 CPU 和编程设备之间建立通信时请考虑以下几点：

① 组态/设置：单个 CPU 不需要硬件配置。如果想要在同一个网络中安装多个 CPU，则必须将默认 IP 地址更改为新的唯一的 IP 地址。

② 一对一通信不需要以太网交换机：网络中有两个以上的设备时需要以太网交换机。

(2) 建立硬件通信连接

以太网接口可在编程设备和 CPU 之间建立物理连接。CPU 内置了自动跨接功能，对该接口既可以使用标准以太网电缆，又可以使用跨接以太网电缆。

要在编程设备和 CPU 之间创建硬件连接，需要按以下步骤操作：

① 安装 CPU。

② 将 RJ45 连接盖从以太网端口卸下，收好盖以备再次使用。

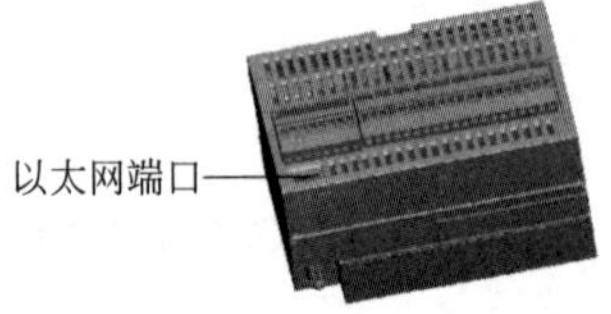

图 1-8 以太网端口

③ 将以太网电缆插入 CPU 顶部的以太网端口中，如图 1-8 所示。

④ 将以太网电缆连接到编程设备上。

(3) 与 CPU 建立通信

在 STEP 7-Micro/WIN SMART 中，使用以下方法之一显示“通信”对话框，组态与 CPU 的通信（表 1-1）。

表 1-1 与 CPU 通信操作

序号	图 示	说 明
1		对于“已发现 CPU”(CPU 位于本地网络)，可通过“通信对话框”与您的 CPU 建立连接： ①选择网络接口卡的 TCP/IP ②单击“查找 CPU”按钮，将显示本地以太网网络中所有可操作 CPU(“已发现 CPU”) ③高亮显示 CPU，然后单击“确定”

续表

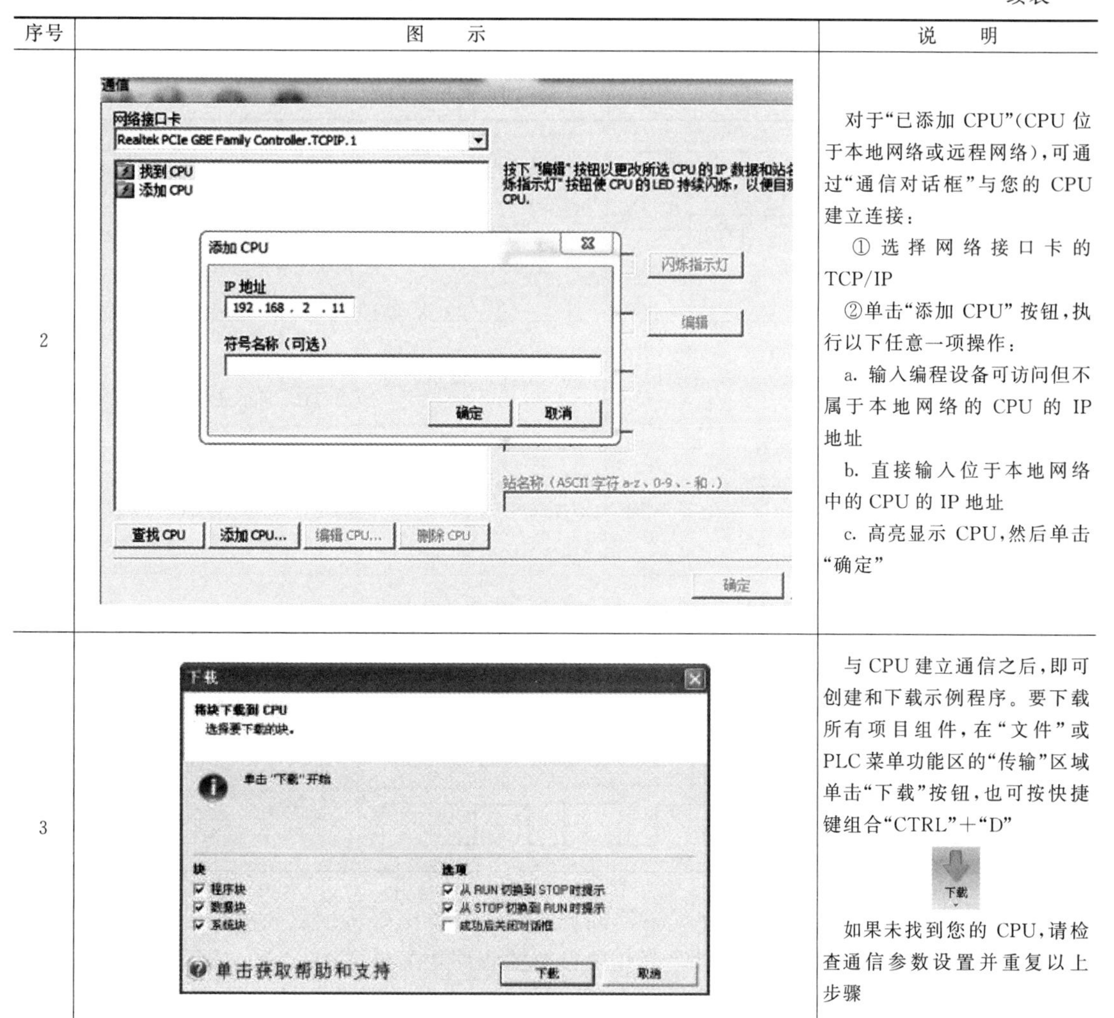

序号	图　　示	说　　明
2		对于"已添加 CPU"(CPU 位于本地网络或远程网络)，可通过"通信对话框"与您的 CPU 建立连接： ① 选择网络接口卡的 TCP/IP ②单击"添加 CPU" 按钮，执行以下任意一项操作： a. 输入编程设备可访问但不属于本地网络的 CPU 的 IP 地址 b. 直接输入位于本地网络中的 CPU 的 IP 地址 c. 高亮显示 CPU，然后单击"确定"
3		与 CPU 建立通信之后，即可创建和下载示例程序。要下载所有项目组件，在"文件"或 PLC 菜单功能区的"传输"区域单击"下载"按钮，也可按快捷键组合"CTRL"+"D" 下载 如果未找到您的 CPU，请检查通信参数设置并重复以上步骤

注：列表将显示所有 CPU，而不管以太网网络类别和子网；要建立与 CPU 的连接，网络接口卡和 CPU 的网络类别和子网必须相同；可以设置网络接口卡与 CPU 的默认 IP 地址匹配，也可以更改 CPU 的 IP 地址与网络接口卡的网络类别和子网匹配。

① 在项目树中，双击"通信"节点。

② 单击导航栏中的"通信"按钮。

③ 在"视图"菜单功能区的"窗口"区域内，从"组件"下拉列表中选择"通信"。

"通信"对话框提供了两种方法来选择所要访问的 CPU：

① 单击"查找 CPU"按钮以使 STEP 7-Micro/WIN SMART 在本地网络中搜索 CPU。在网络上找到的各个 CPU 的 IP 地址将在"找到 CPU"下列出。

② 单击"添加 CPU…"按钮以手动输入所要访问的 CPU 的访问信息（IP 地址等）。通过此方法手动添加的各 CPU 的 IP 地址将在"添加 CPU"中列出并保留。

3. 创建示例程序

该程序有三个程序段，使用 6 条指令创建了一个非常简单的自启动、自复位定时器。本例中，使用梯形图（LAD）编辑器输入程序指令。表 1-2 的示例以 LAD 和语句表（STL）

形式显示了整个程序，“说明”列说明每个程序段的逻辑；时序图显示了程序的运行；STL程序中没有程序段注释。

表 1-2 STEP 7-Micro/WIN SMART 使用入门的示例程序

LAD/FBD	STL	说　明
M0.0 ─┤/├─ T33 [IN TON；+100─PT 10ms]	Network 1 LDN M0.0 TON T33,+100	10ms 定时器 T33 在 100×10ms=1s 后超时 M0.0，脉冲速度过快，无法用状态视图监视
T33 ─┤>= I├─ +40 ─(M10.0)	Network 2 LDW>=T33,+40 =M10.0	以状态视图可见的速率运行时，比较结果为真。在 40×10ms=0.4s 之后，M10.0 接通，信号波形 40% 为低电平，60% 为高电平
T33 ─┤ ├─ ─(M0.0)	Network 3 LD T33 =M0.0	T33(位)脉冲速度过快，无法用状态视图监视。在 100×10ms=1s 时间段之后，通过 M0.0 复位定时器
② 当前值=100 ③ 当前值=40 ① T33(当前值)　0.4s　0.6s ④ T33(bit) M0.0 ⑤ M10.0		时序图： ①T33(当前值) ②当前值=100 ③当前值=40 ④T33(位)和 M0.0 ⑤M10.0

通过项目树将指令插入到程序编辑器的程序段中，方法是将项目树“指令”中的指令拖放到程序段中。程序中的所有块均保存在项目树的程序块文件夹中。

输入并保存程序之后，可以将程序下载到 CPU。

(1) 程序段 1：启动定时器

当 M0.0 处于断开状态（0）时，该触点接通并提供能流启动定时器。程序段见图 1-9。

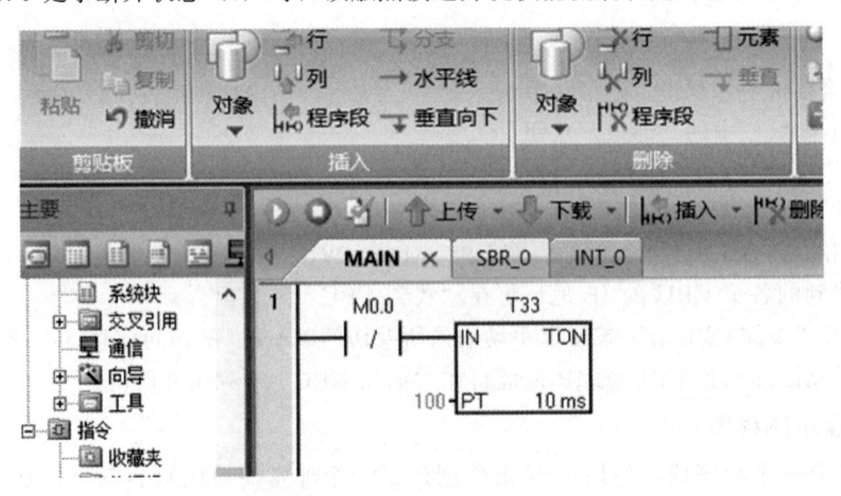

图 1-9 程序段（一）

要输入触点 M0.0，步骤如下：

① 双击“位逻辑”图标或单击加号以显示位逻辑指令。

② 选择“常闭”触点。

③ 按住鼠标左键并将触点拖到第一个程序段中。

④ 为触点输入以下地址：M0.0。

⑤ 按回车键即输入该触点地址。

要输入定时器指令 T33，步骤如下：

① 双击“定时器”图标以显示定时器指令。

② 选择“TON”（接通延时定时器）指令。

③ 按住鼠标左键并将定时器拖到第一个程序段中。

④ 为定时器输入以下定时器编号：T33。

⑤ 按回车键即输入定时器编号，光标将移动到预设时间（PT）参数。

⑥ 为预设时间输入以下值：+100。

⑦ 按回车键即输入该值。

（2）程序段 2：接通输出

当 T33 的定时器值大于或等于 40（40×10ms，即 0.4s）时，该触点将提供能流接通 CPU 的输出 M10.0。程序段见图 1-10。

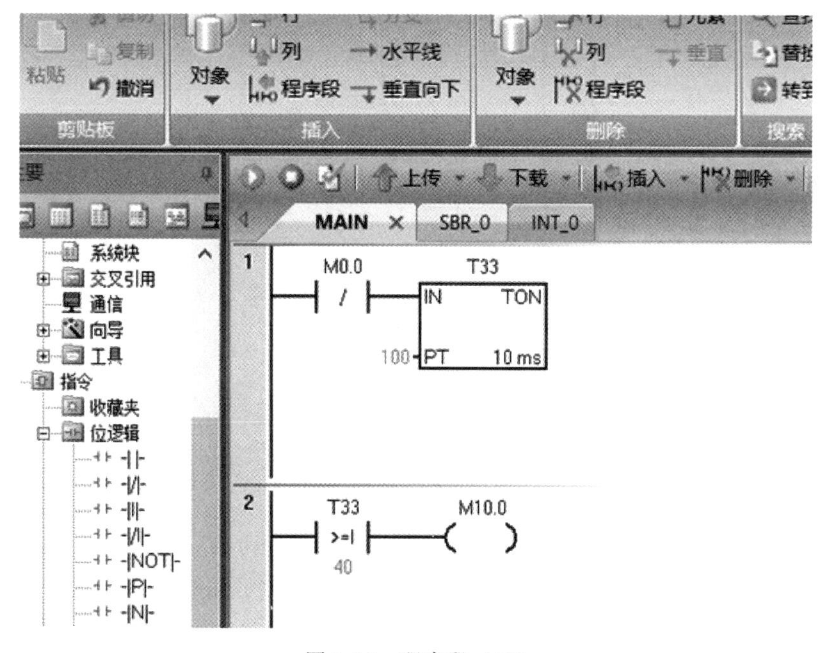

图 1-10　程序段（二）

要输入比较指令，步骤如下：

① 双击“比较”图标以显示比较指令。选择“>=I”指令（大于或等于整数）。

② 按住鼠标左键并将比较指令拖到第二个程序段中。

③ 单击触点上方的“???”，然后输入以下定时器地址值：T33。

④ 按回车键即输入定时器编号，光标将移动到将与定时器值进行比较的其他值。

⑤ 输入要与定时器数值比较的以下值：+40。

⑥ 按回车键即输入该值。

要输入用于接通输出 M10.0 的指令，步骤如下：

① 双击“位逻辑”图标以显示位逻辑指令并选择输出线圈。

② 按住鼠标左键并将线圈拖到第二个程序段中。

③ 单击线圈上方的“???”，然后输入以下地址：M10.0。

④ 按回车键即输入该线圈地址。

（3）程序段 3：复位定时器

定时器达到预设值（100）时，定时器位将接通，T33 的触点也将接通。该触点的能流会接通 M0.0 存储单元。由于定时器由常闭触点 M0.0 使能，因此 M0.0 的状态由断开（0）变为接通（1）将复位定时器。程序段见图 1-11。

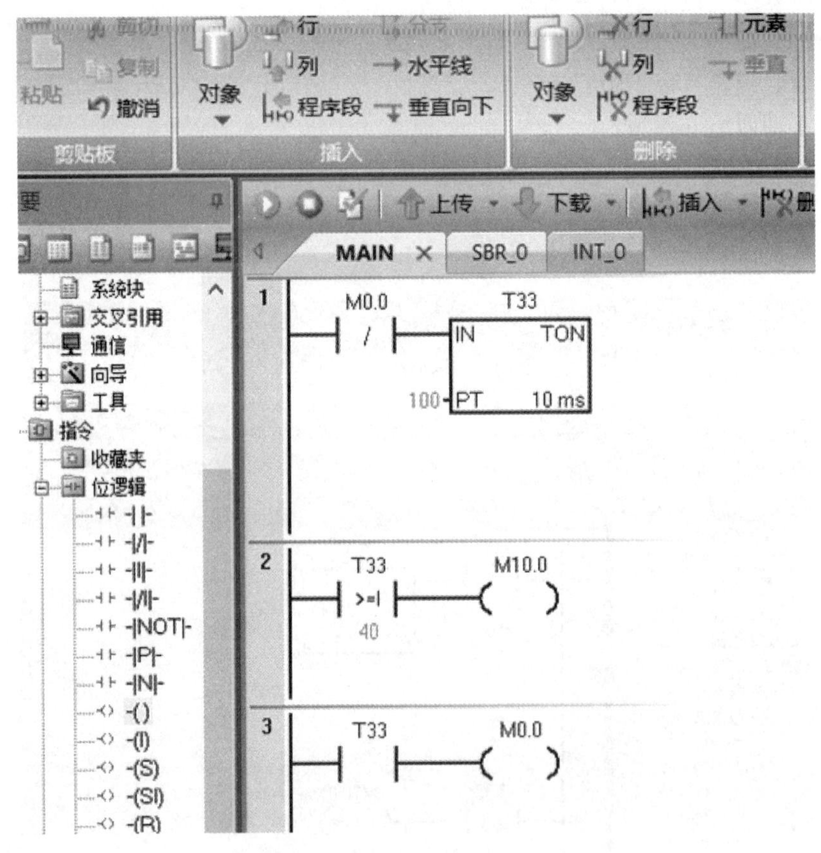

图 1-11 程序段（三）

要输入 T33 的定时器位触点，步骤如下：

① 从位逻辑指令中选择“常开”触点。

② 按住鼠标左键并将触点拖到第三个程序段中。

③ 单击触点上方的“???”，然后输入定时器位的地址：T33。

④ 按回车键即输入该触点地址。

要输入用于接通 M0.0 的线圈，步骤如下：

① 从位逻辑指令中选择输出线圈。

② 按住鼠标左键并将输出线圈拖到第三个程序段中。

③ 单击线圈上方的“???”，然后输入以下地址：M0.0。

④ 按回车键即输入该线圈地址。

（4）为项目设置 CPU 的类型和版本

组态项目，使 CPU 版本与物理 CPU 相匹配。如果项目组态所使用的 CPU 及 CPU 版本不正确，则将可能导致下载失败或程序无法运行。

如需选择 CPU，单击“模块”列下的“CPU”字段，将显示下拉列表按钮，从下拉列表中选择所需 CPU。执行相同的步骤，在“版本”列中选择 CPU 版本（图 1-12）。

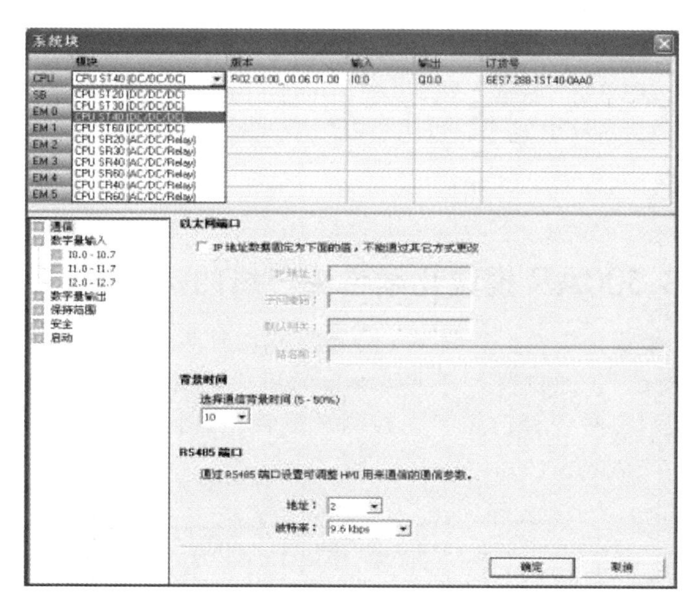

图 1-12　CPU 选项图

（5）保存示例项目

输入以上三个指令程序段后，即已完成程序的输入。要以指定的文件名在指定的位置保存项目，程序保存后，即创建了一个含 CPU 类型和其他参数的项目，可下载程序到 CPU。

4. 下载示例程序

要下载所有项目组件，应在“文件”或 PLC 菜单功能区的“传送”区域单击“下载”按钮，也可按快捷键组合“CTRL”+“D”（图 1-13）。单击“下载”对话框中的“下载”按钮，STEP 7-Micro/WIN SMART 将完整程序或您所选择的程序组件复制到 CPU。

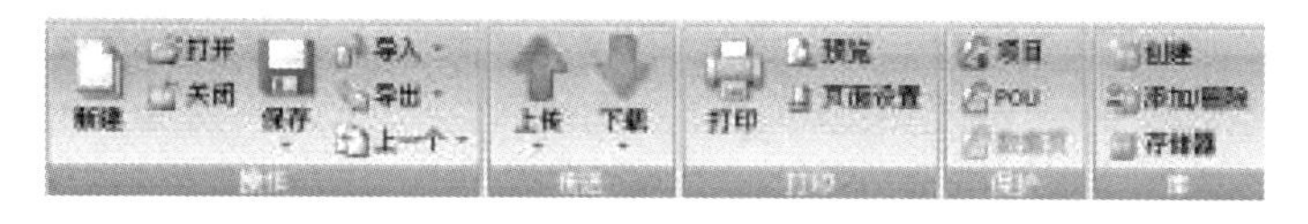

图 1-13　下载示例程序

如果 CPU 处于 RUN 模式，将弹出一个对话提示您将 CPU 置于 STOP 模式。单击“是”可将 CPU 置于 STOP 模式。

说明：每个项目都与 CPU 类型相关联；如果项目类型与所连接的 CPU 类型不匹配，STEP 7-Micro/WIN SMART 将指示不匹配并提示您采取措施。

5. 更改 CPU 的工作模式

CPU 有以下两种工作模式：STOP 模式和 RUN 模式。CPU 正面的状态 LED 指示当前工作模式。在 STOP 模式下，CPU 不执行用户程序，而用户可以下载程序块。在 RUN 模式下，CPU 会执行相关程序；但用户仍可下载程序块。

（1）将 CPU 置于 RUN 模式

在 PLC 菜单功能区或程序编辑器工具栏中单击“运行”按钮，或提示时，单击“确定”更改 CPU 的工作模式。

（2）将 CPU 置于 STOP 模式

若要停止程序，需单击“停止”按钮，并确认有关将 CPU 置于 STOP 模式的提示。也可在程序逻辑中包括 STOP 指令，以将 CPU 置于 STOP 模式。

任务实施

一、DLDS-500AR 模块化柔性生产线的认识

DLDS-500AR 模块化柔性生产线是一种模块化柔性生产线实训装置，由供料单元、搬运单元、装配单元、工业机器人分类码垛单元组成，如图 1-14 所示。该生产线可完成金属和黑、白塑料三种工件的供料、检测、组装、工业机器人分类储存等一系列的动作。

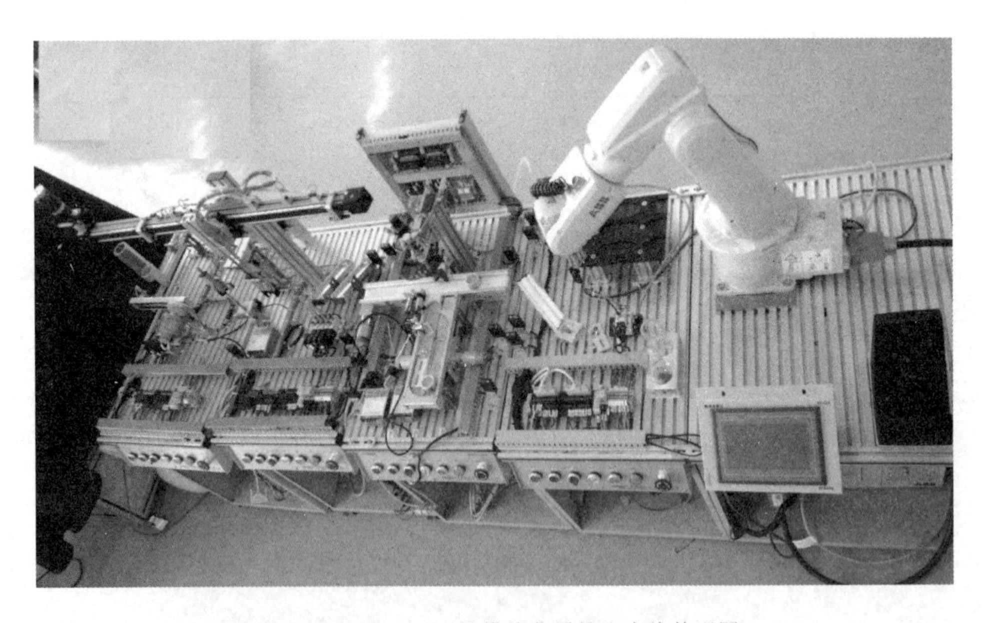

图 1-14 DLDS-500AR 模块化柔性生产线外观图

二、DLDS-500AR 模块化柔性生产线的组成

生产线由供料单元、搬运单元、装配单元、工业机器人分类码垛单元 4 部分组成，其中供料单元主要有供料装置和摆动传送装置，搬运单元主要有深度检测和传送电缸装置，装配单元主要有料块检测输送、料盖筛选及装配装置，工业机器人分类码垛单元主要有六轴机器

人分类码垛装置，其主要组成部分如图 1-15 所示。

图 1-15　DLDS-500AR 生产线组成图

三、DLDS-500AR 模块化柔性生产线的功能

1. 各单元功能

供料单元：料仓里的工件按顺序推出，料台的传感器检测到工件到位后，气动摆缸将料块放到搬运单元。

搬运单元：当上一单元送来工件后，先由深度测量装置测量工件的深度，然后机械手抓取工件，把合格的工件搬运到下一单元，不合格的工件搬运到废料仓。

装配单元：上一单元传来的工件，经过传感器的检测区分出料块的颜色和材质，在配块装配处等待；配块经过 1 号传输带和 2 号传输带传送，经传感器探测，分辨出颜色和材质合适的传送到提取处；配块提取装置经水平气缸、垂直气缸的运动，由真空吸盘把需要的盖子提取，释放入工件上部；带配块的工件经皮带传送到下一单元。

机器人分类储存单元：工件到达后，先检测其颜色和材质，后由机器人分类存储。

2. DLDS-500AR 模块化柔性生产线的整体功能

由触摸屏发出运行指令后，根据颜色和材质，设备自动选择需要的工件，测量工件的深度，给合格的工件上部装配盖子，然后分类储存；把不需要和深度不合格的工件运到废料仓。各单元间 PLC 可由 RS485 网络通信，或对射光电管通信。

四、DLDS-500AR 模块化柔性生产线的主要控制元件

该生产线的主要控制元件见表 1-3。

表 1-3　主要控制元件

序号	单元名称	控制器配置
1	供料单元	SMART-200 CPU SR30 AC/DC/RLY 18IN 12OUT (6ES7 288-1SR30-0AA0)
2	搬运单元	SMART-200 CPU SR30 AC/DC/RLY 18IN 12OUT (6ES7 288-1SR30-0AA0) SMART-200 EM AM06(6ES7 288-3AM06-0AA0)

续表

序号	单元名称	控制器配置
3	装配单元	SMART-200 CPU SR40 AC/DC/RLY 24IN 16OUT (6ES7 288-1SR40-0AA0)
4	机器人分类储存单元	SMART-200 CPU SR30 AC/DC/RLY 24IN 16OUT (6ES7 288-1SR30-0AA0) IRB120 工业机器人 3KG/0.58 机器人控制器(IRC5 紧凑型)

拓展练习

① 简述 DLDS-500AR 模块化柔性生产线的整体结构，各工作单元的基本组成结构。

② 写出整个生产线的整体运行工艺流程。

③ 查阅网络资料，了解自动化生产线的新技术。

项目二

DLDS-500AR 生产线的供料单元

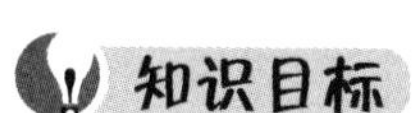

知识目标

① 熟悉供料单元的基本结构和工作过程。

② 掌握传感器技术、气动技术的工作原理及在供料单元中的应用。

③ 掌握供料单元的气路和电路原理。

④ 掌握西门子 SMART-200 型 PLC 的软、硬件知识。

技能目标

① 正确安装、调试供料单元的机械零部件和气动元件。

② 正确安装、调试供料单元的各种传感器。

③ 正确连接供料单元的气路、电路。

④ 根据供料单元的工作流程编写及调试 PLC 控制程序。

项目描述

DLDS-500AR 模块化柔性生产线的供料单元，由供料装置、摆缸传递装置、电气控制板、操作面板、I/O 转接端口模块、气源等部分组成。

供料单元的主要作用是为加工过程提供加工工件。供料过程中，推料气缸从料仓中推出工件，气动摆缸借助真空吸盘的配合将工件转放到下一工作单元——搬运单元，其料仓里的工件按顺序供给，是整个系统的第一个单元，也是整个工作中最基础的模块。

认真分析供料单元的机构组成及工作原理，安装、调整供料单元各部分，并根据如下控制流程设计控制程序，完成设备的动作功能。

控制流程描述如下：

1. 准备过程

① 断开 PLC 与编程设备的连接，关闭 PLC 电源，关闭气源，清除工作单元上的所有工件，旋钮处于自动位置，二联件压力设定为 5bar（1bar=10^5Pa）。

② 打开电源，打开气源（在教师指导下才能操作）。

③ 复位灯、停止灯交替闪烁，闪烁频率为 1Hz。

2. **步进过程**（旋钮开关打到手动位置）

① 停止灯灭，复位灯亮。

② 按一下复位按钮。

③ 复位灯灭，单元回到初始位置（摆动吸盘到供料台）。

④ 复位完成后开始灯闪烁。

⑤ 料仓中放入工件。数量及顺序由教师决定，工件方向开口向上。

⑥ 按一下开始按钮。

⑦ 摆臂升起，吸盘转至下一单元给料台；吸盘离开料台后，开始灯常亮。

⑧ 按一下开始按钮。

⑨ 推料气缸伸出，推出工件。

⑩ 按一下开始按钮。

⑪ 摆臂回转，吸盘落向供料台工件，并吸住工件，推料气缸缩回。

⑫ 按一下开始按钮。

⑬ 摆臂上升，摆到下一单元位置，吸盘方向朝下。

⑭ 按一下开始按钮。

⑮ 吸盘释放工件。

⑯ 按一下开始按钮。

⑰ 摆臂返回供料台，转到步骤③。

3. **自动过程**（旋钮打到自动位置）

① 开始灯闪烁。

② 按一下开始按钮。

③ 摆臂升起，吸盘转至下一单元给料台；吸盘离开料台后，开始灯常亮。

④ 推料气缸伸出，推出工件。

⑤ 摆臂回转，吸盘落向供料台工件，并吸住工件，推料气缸缩回。

⑥ 摆臂上升，摆到下一单元位置，吸盘方向朝下。

⑦ 吸盘释放工件。

⑧ 摆臂返回供料台，摆动到位后，开始灯闪烁。

⑨ 当料仓中没有工件且完成最后一个工件的搬运，工作单元自动回到初始位置后，开始灯常亮，报警灯闪烁，闪烁频率为 1Hz，进行缺料报警。

⑩ 料仓中放入工件。

⑪ 报警灯灭，开始灯闪烁。

⑫ 继续执行步骤③～⑫。

⑬ 按一下停止按钮，当前的动作完成后停止，再按下开始按钮，继续执行下一动作。

⑭ 按一下急停按钮，立即停止当前的动作，回到初始状态。

项目分析

对供料单元，首先熟悉供料原理，然后动手操作，完成任务及操作步骤如下：

① 熟悉供料单元的基本结构和工作原理；
② 熟悉供料单元的机械部件构成，并进行机械安装；
③ 掌握供料单元气动元件的应用及气路原理，并进行气路安装；
④ 理解供料单元的电气原理，进行线路连接；
⑤ 能对供料单元的各动作机构手动调试；
⑥ 进行供料单元的PLC程序设计及调试。

知识准备

一、供料单元的结构组成

供料单元的主要组成部分为供料装置、摆缸传递装置、钣金台体、铝合金底板、操作面板、PLC控制板、I/O接线端子、过滤调压组件、微型开关、磁感应传感器、电磁阀组、仿真盒等，其构成如图2-1所示。

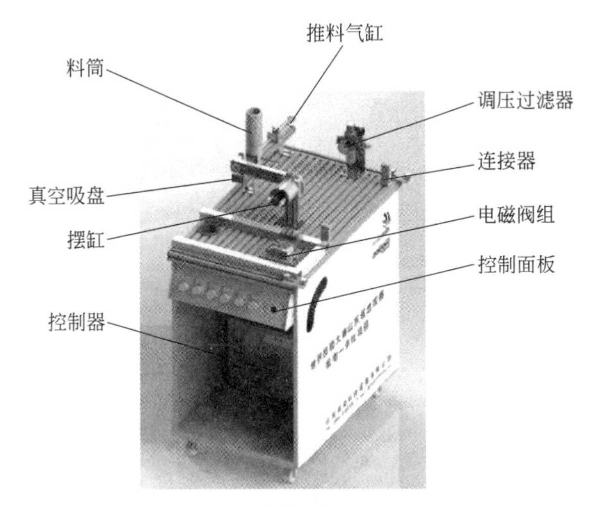

图2-1 供料单元组成图

供料装置由圆形料仓、料仓座、推料直线气缸、推料块、挡料快、磁性开关、光纤传感器及结构支架等元器件组成，如图2-2所示。

摆缸传送装置由旋转气缸、摆臂、真空吸盘、真空发生器、磁性开关、结构件等组成，如图2-3所示。

二、供料单元的功能

供料单元的主要功能是为加工过程提供加工工件。供料过程中，料仓存储工件，推料气缸从料仓中推出工件，气动摆缸借助真空吸盘的配合将工件转放到下一工作单元——搬运单元，其料仓里的工件按顺序供给，是整个系统的第一个单元，也是整个工作中最基本的模块。

三、供料单元的基本原理

1. 送料装置

送料装置用于存储工件，并在需要时将料仓下层的工件推出到出料台上，原理示意如

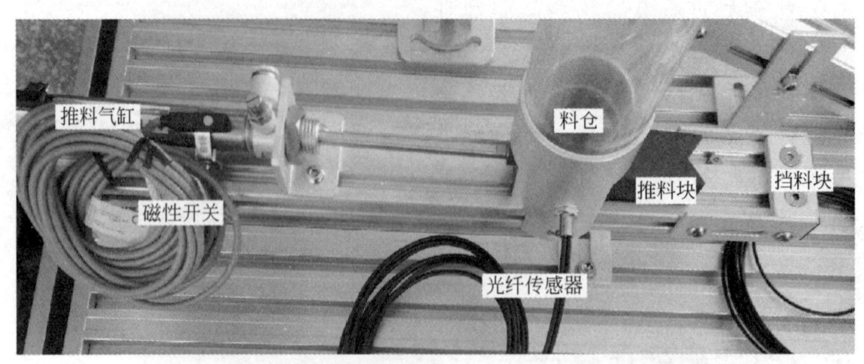

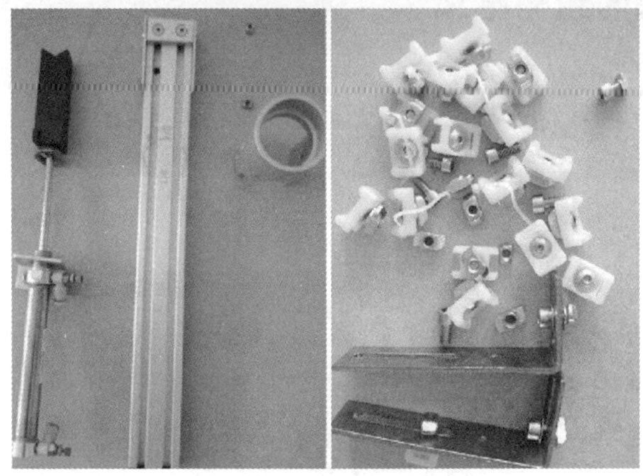

图 2-2　供料装置组成图

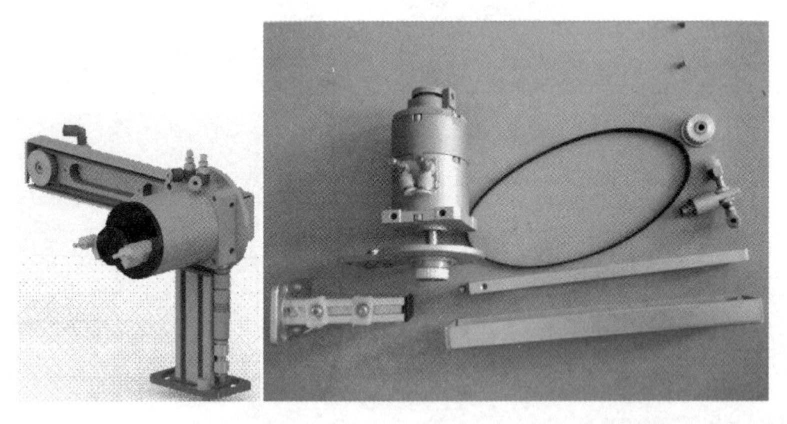

图 2-3　摆缸传送装置组成图

图 2-4 所示，其原理是：工件垂直叠放在料仓内部，推料气缸和料仓下端处在一个水平面，推料块可在料仓的底部运动；当推料气缸活塞退回时，推料块与料仓最下层工件在同一水平面；在需要将工件推出时，推料气缸活塞伸出，把料仓最下层的一个工件推出到物料台上；推料气缸活塞退回后，料仓内的工件下降一个工件位，为下次推出工件做准备。

有一只光纤传感器安装在料仓座侧面，检测料仓内是否存有工件，提供料仓有、无工件信号；料台中部开有小孔，安装一只光纤传感器，检测是否有工件推出，提供物料台上有、无工件信号。

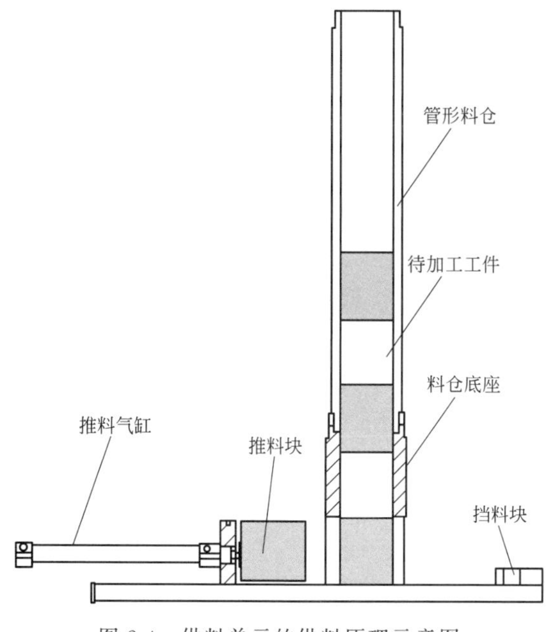

图 2-4 供料单元的供料原理示意图

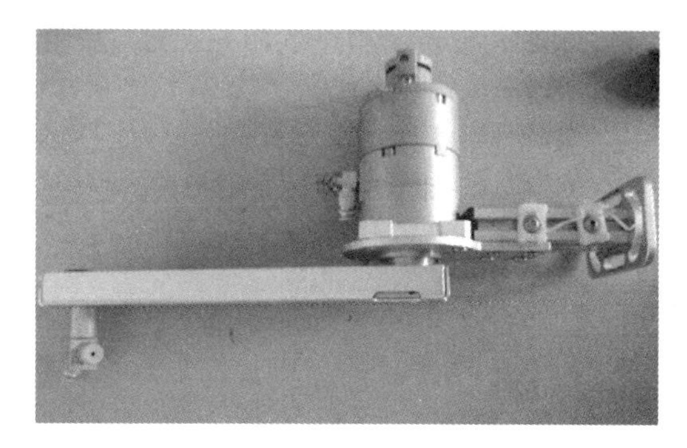

图 2-5 供料单元的摆动工件原理示意图

2. 摆缸传送装置

摆缸传送装置用于把物料台上的工件运送到下一工作单元，原理示意如图 2-5 所示，其工作原理是：检测到物料台上有工件后，摆臂运转，真空吸盘落到物料台上的工件上；真空发生器工作，在真空吸盘内形成负压，吸牢工件；工件吸牢后，启动旋转气缸，摆臂运转，工件运送到下一工作单元料台上；真空发生器停止工作，气路回气，真空吸盘内形成正压，释放工件。

四、传感器在供料站中的应用

供料单元采用的传感器：光纤传感器、磁性开关、对射光电开关。

1. 光纤传感器

光纤传感器是一种非接触型的电路开关，由发光管、光纤探头、光探测器、放大器及输出指示灯组成，用在环境比较好、无灰尘、无粉尘污染的场合，为非接触式测量，主要测量被测物的有无，其外形如图 2-6 所示。

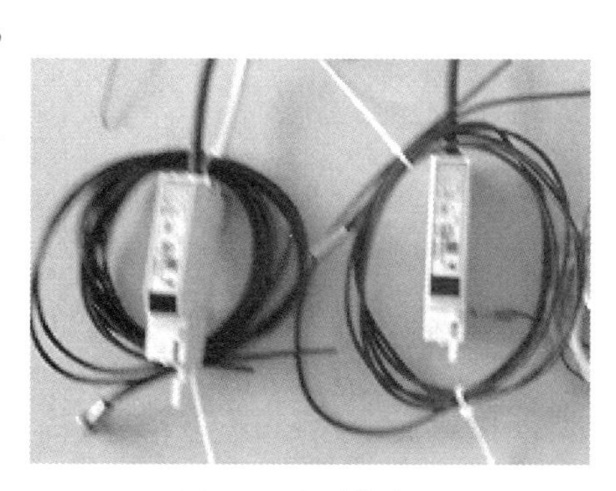

图 2-6 光纤传感器

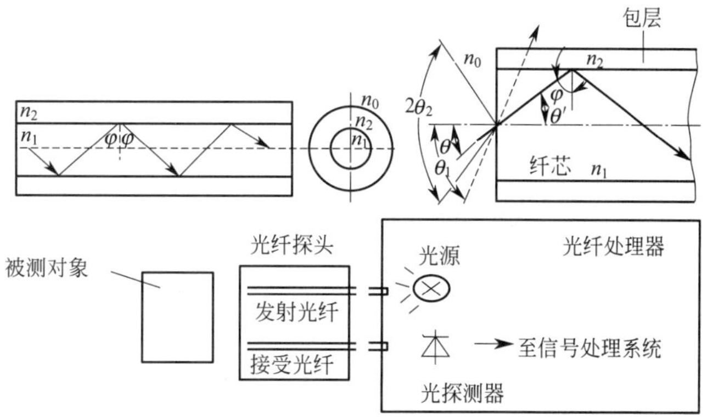

图 2-7 光纤传感器工作原理图

图 2-8　磁性开关

工作原理：光纤探头由发送光纤和接收光纤组成，两者之间隔有一定的检测空间，利用光路在检测空间通或断，经光电转换实现电路开关作用，从而检测是否存在物体，原理示意如图 2-7 所示。

2. 磁性开关

磁性开关是一种利用磁场信号来控制的线路开关器件，由磁簧开关、指示器件、引线组成，外形如图 2-8 所示。

工作原理：气缸体为非导磁性材料，活塞上装有永久磁环，当磁环接近磁控开关时，磁控开关被磁化而使得接点吸合在一起，从而使回路接通，这样就可以检测气缸活塞的位置，原理示意如图 2-9 所示。

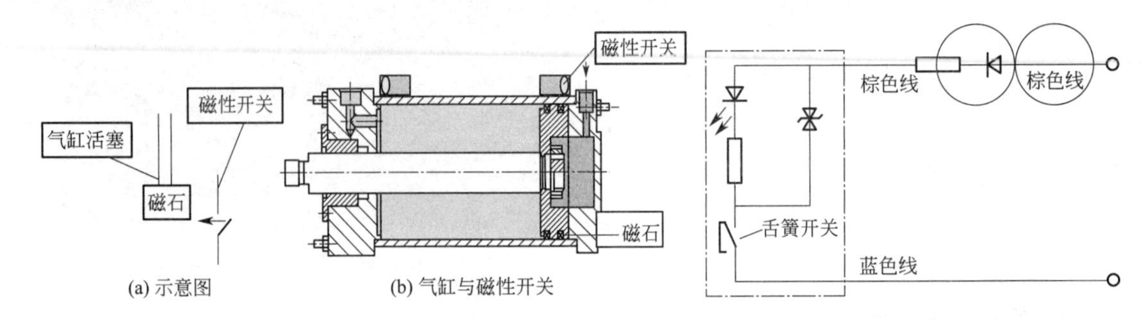

图 2-9　磁性开关组成、原理及安装位置图

五、供料单元中的气动元件

供料单元的气动元件由二联体、气路阀、电磁阀、直线气缸、旋转气缸、真空发生器、单向节流阀组成。

1. 直线气缸

直线气缸是由缸筒、端盖、活塞、活塞杆和密封件等组成的，活塞的往复运动均由压缩空气来推动。气缸的两个端盖上都设有进、排气通口，当从 2 端盖气口进气时，推动活塞伸出运动；反之，从 1 端盖气口进气时，推动活塞缩回运动，如图 2-10 所示。

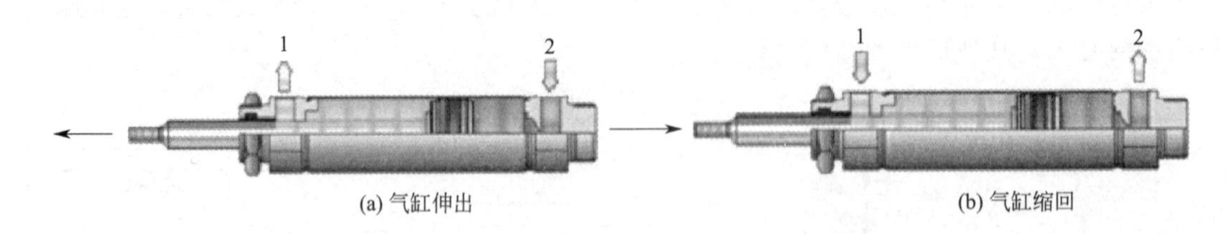

图 2-10　直线气缸

2. 旋转气缸

旋转气缸由导气头、缸体、活塞及活塞杆组成，利用压缩空气驱动输出轴在一定角度范围内做往复回转运动，其摆动角度可在一定范围内调节，常用的固定角度有 90°、180°、270°；用于物体的转位、翻转、分类、夹紧、阀门的开闭以及机器人的手臂动作等，外形如图 2-11 所示。

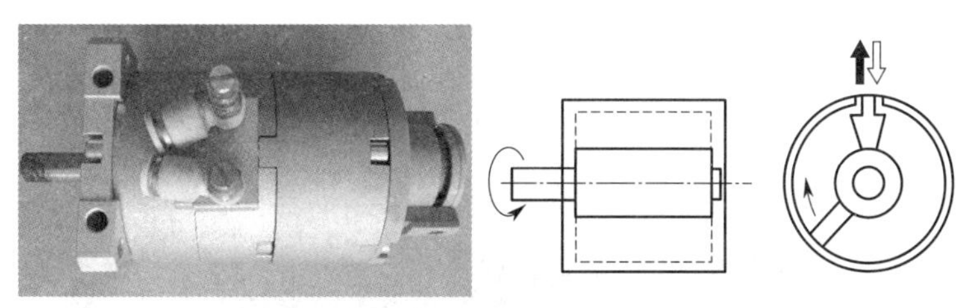

图 2-11 旋转气缸

3. 真空发生器

妙德真空发生器管道型设计，不需要特别安装；妙德真空发生器标准配有快换接头，接管方便，外形如图 2-12 所示。

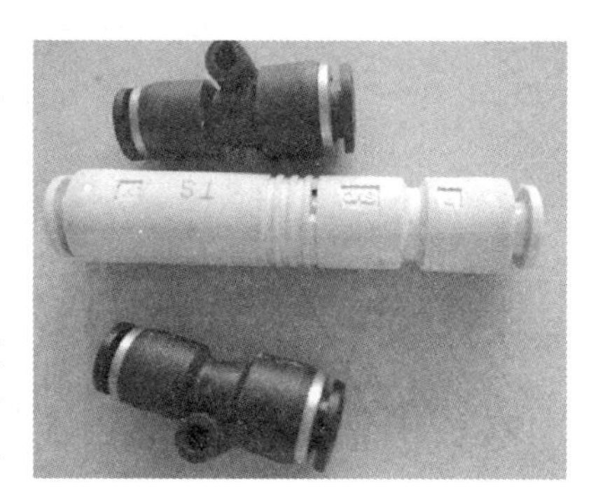

图 2-12 真空发生器

4. 单向节流阀

单向节流阀是由单向阀和节流阀并联而成的流量控制阀，通过改变节流截面或节流长度以控制流体流量的阀门，作用是对气缸的运动速度加以控制，使气缸的动作平稳可靠，结构原理如图 2-13 所示。

5. 电磁阀

电磁阀由阀体、阀芯、弹簧、密封件、线圈等组成，是气动控制中最主要的元件，结构分类如图 2-14 所示。它是利用电磁线圈通电时，静铁芯对动铁芯产生电磁吸引力使阀切换以改变气流方向的阀，根据阀芯复位控制方式，又可以分为单电控和双电控两种。

6. 电磁阀组

通常将多个电磁阀及相应的气控和电控信号接口、消音器和汇流板等集中在一起组成控制阀的集合体使用，此集合体称为阀岛，如图 2-15 所示。

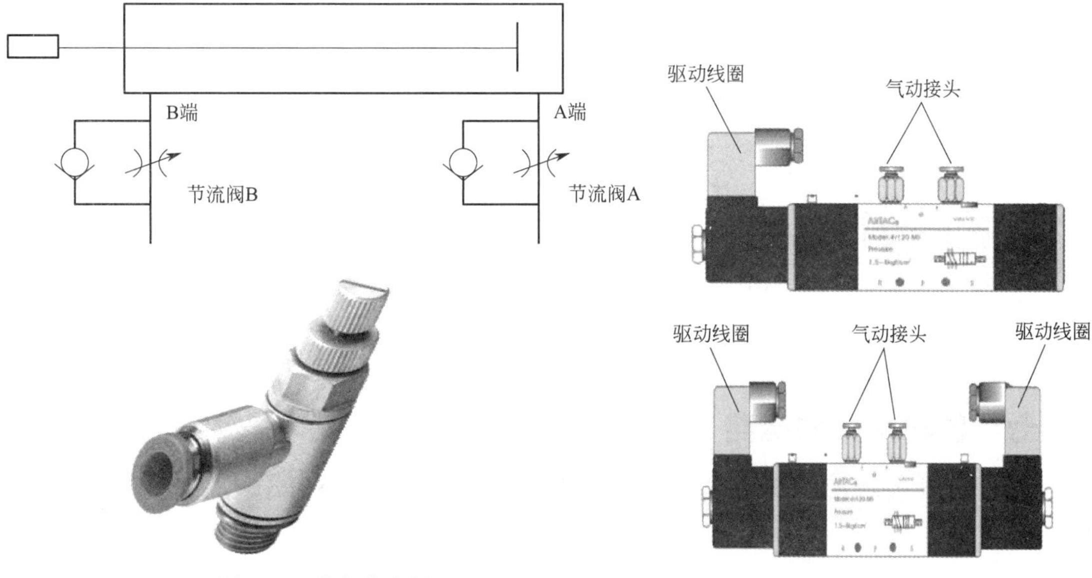

图 2-13 单向节流阀

图 2-14 单向电磁阀及双向电磁阀示意图

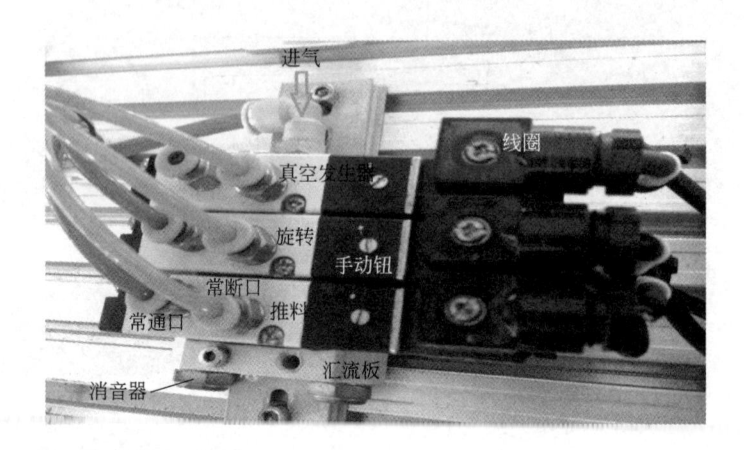

图 2-15 电磁阀组

六、供料单元的气路原理

供料单元的气路部分由气动二联体、汇流板、电磁阀、节流阀、气缸、真空发生器等组成，原理如图 2-16 所示。

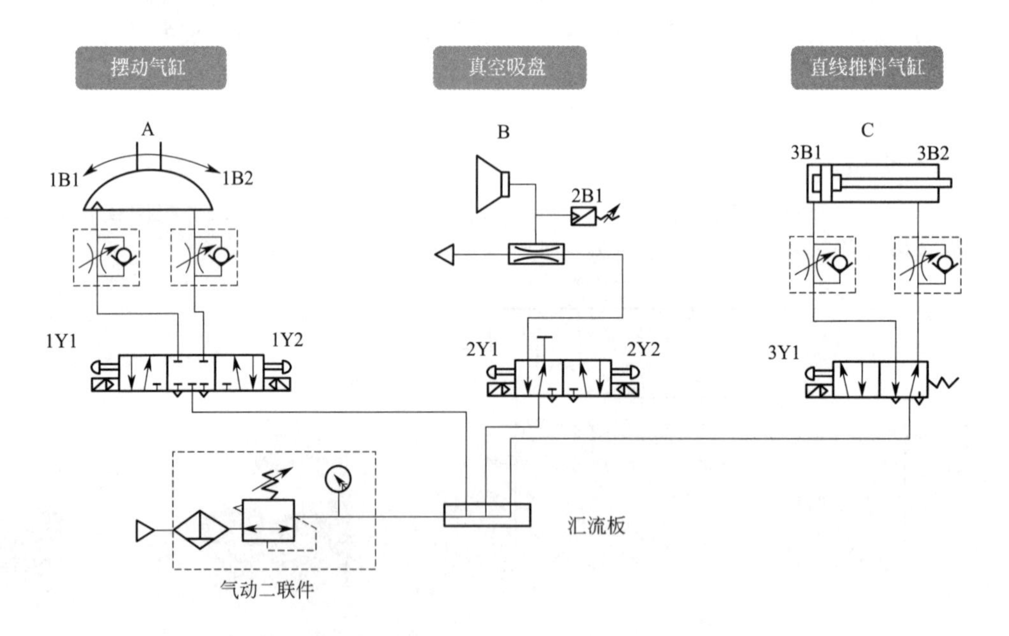

图 2-16 供料单元气动控制回路

七、供料单元的电路

供料单元由控制元件 PLC、电磁阀、传感器、开关电源、断路器等组成，原理如图 2-17 所示。

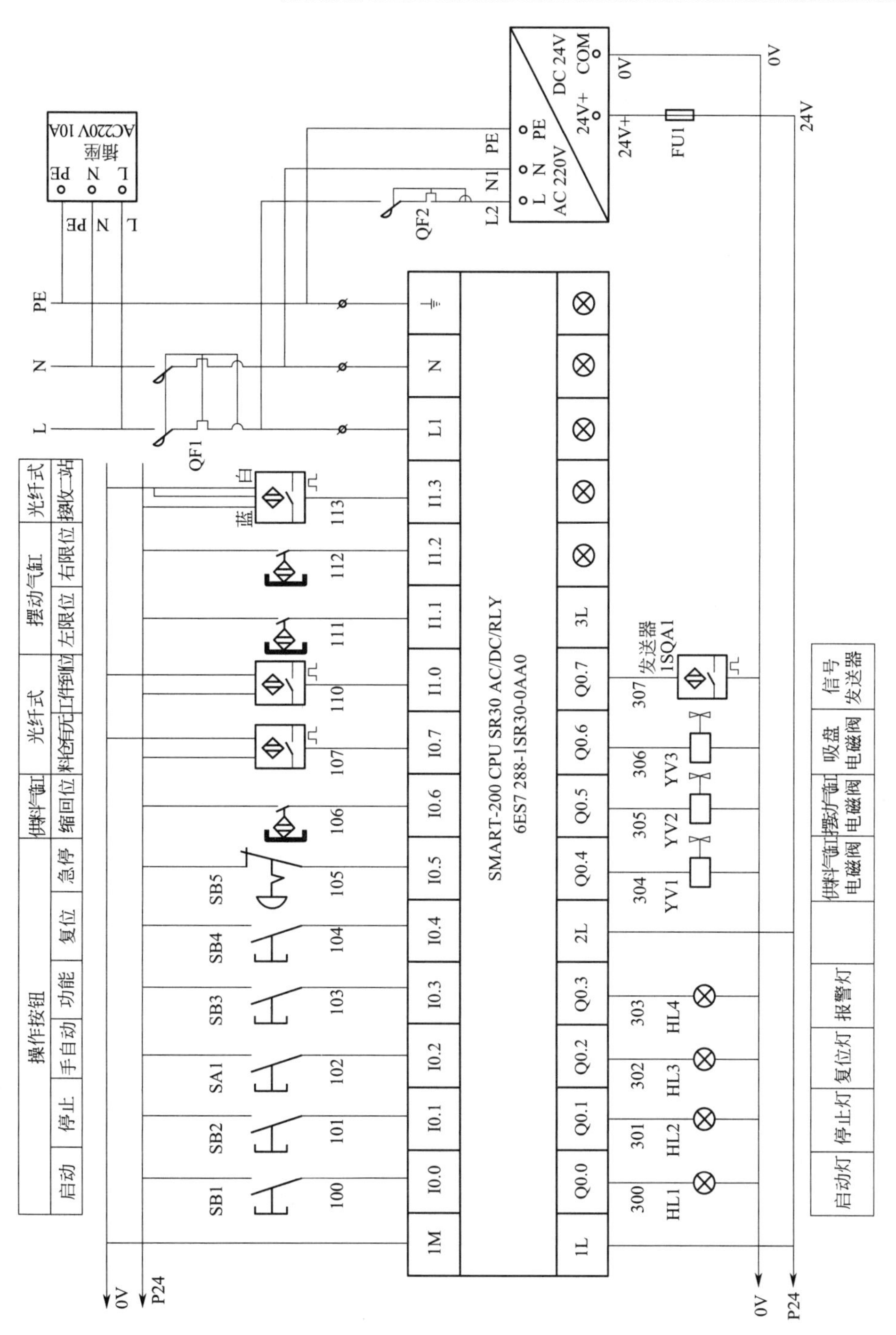

图 2-17　供料单元电路原理图

任务实施

一、供料单元的机械安装

供料单元台面装配有供料装置、摆缸传送装置、电磁阀组、气路二联体、接线端子排、光纤传感器、线槽等，其安装位置如图 2-18 所示。

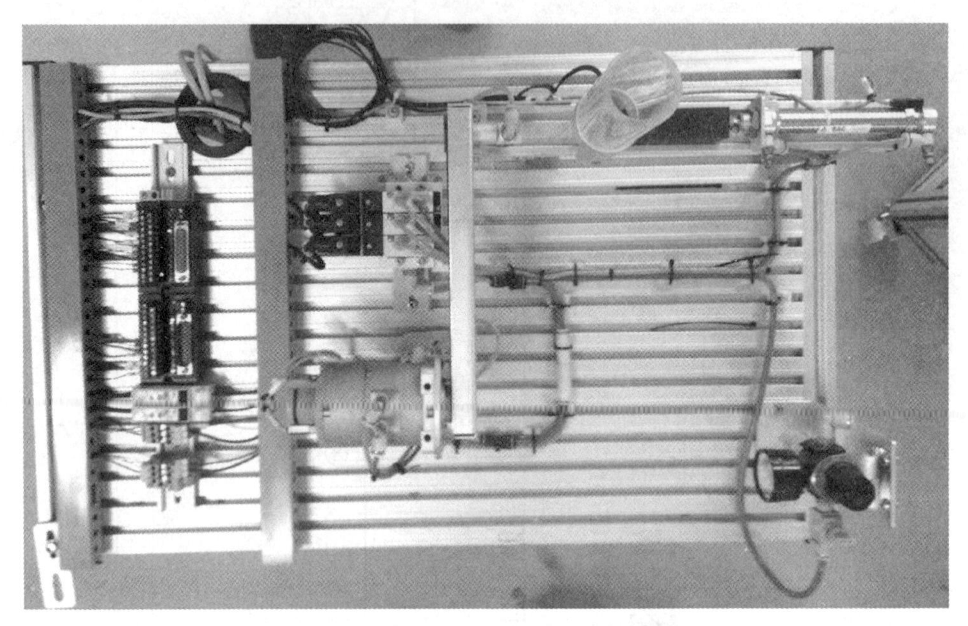

图 2-18　供料单元台面零部件安装位置图

1. 供料装置的安装与调整

(1) 供料装置零部件核查

MA16X75 型直线气缸 1 台、节流阀 2 只、L 形气缸支架 1 件、推料块 1 件、供料平台（含挡料板）1 件、料仓座 1 件、透明料管 1 件、L 形平台支架 2 件、螺钉、螺母若干套，实物如图 2-19 所示。

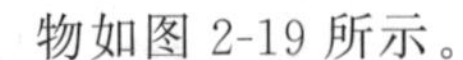

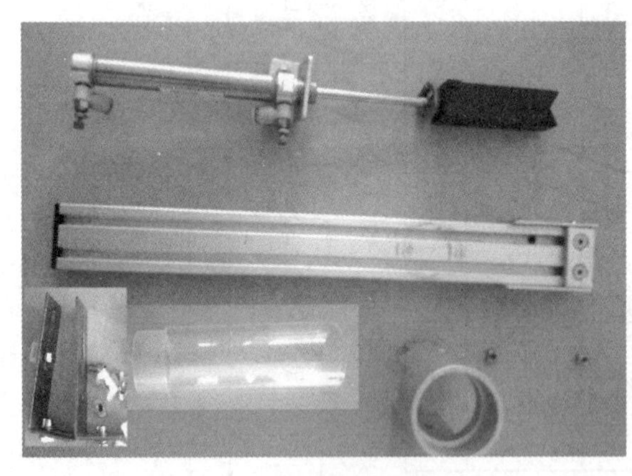

图 2-19　供料装置零部件图

(2) 零件安装与调整

① 取直线气缸，安装气缸支架。注意：气缸的进、出气孔在侧面。

② 气缸杆先装螺母，后装推料块。

③ 供料平台安装挡料板。

④ 气缸支架固定到供料平台上，安装位置：气缸杆伸出后推料块和挡料板间留有 1 只工件的间隙。

⑤ 料仓座安装到供料平台上，安装位置：气缸杆缩回后料仓内的工件能落到推料块 V 形端。注意：料仓座的底部开口，尺寸小的靠近气缸，用于推料块导航；尺寸大的开口，用于工件推出。

⑥ 供料装置通过支架安装到供料台面上。注意：供料装置有一定的重量，需要一定的力气，安全操作。

⑦ 料管安装到料仓座上。

⑧ 节流阀安装到气缸上。

⑨ 磁性开关安装到气缸底部。

⑩ 料仓座和供料平台一端各安装 1 只光纤头，用于检测料仓内和供料台上有无工件。安装效果如图 2-20 所示。

图 2-20　供料装置安装效果图

2. 摆缸传送装置的安装与调整

（1）摆缸传送装置零部件核查

摆缸传送装置零部件有：CDRBU2WU40-270SZ 型旋转气缸 1 台、气缸固定板 1 件、皮带固定轮 1 件、皮带旋转轮 1 件、皮带 1 条、带轮支架 1 件、皮带罩 1 件、旋转带轮及真空吸盘共用支架 1 件、真空吸盘 1 副、摆缸传送装置支撑件及固定板各 1 件、节流阀 2 只、磁性开关 2 只、安装螺钉、螺母若干套，如图 2-21 所示。

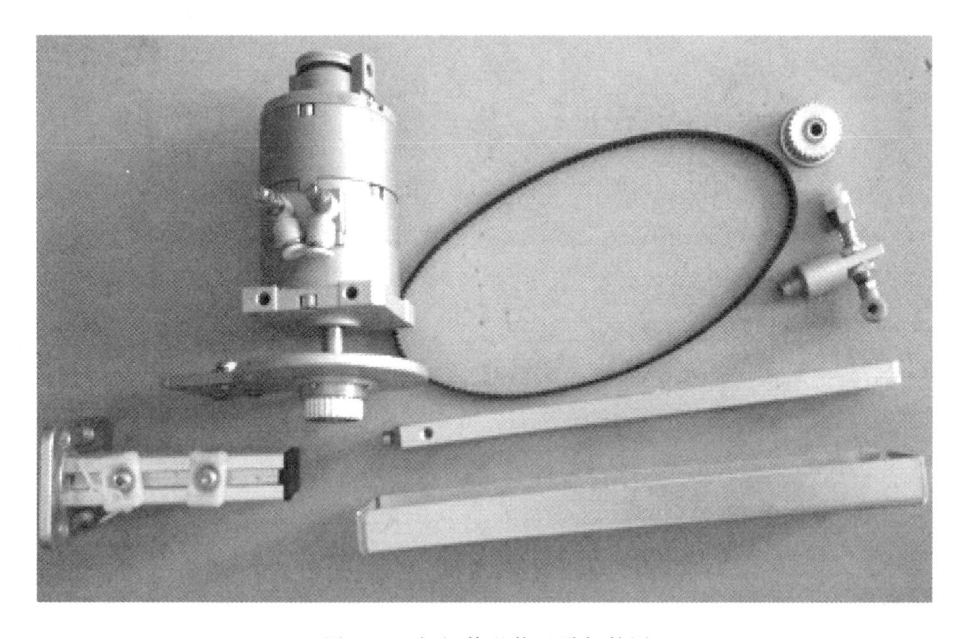

图 2-21　摆缸传送装置零部件图

（2）安装与调整

① 固定带轮安装到气缸固定板上。

② 气缸固定板安装到旋转气缸上，安装方向：固定板尾部和旋转气缸进出气孔在对立侧。

③ 旋转带轮及真空吸盘共用支架安装到带轮支架上。

④ 安装旋转带轮。

⑤ 带轮支架固定到旋转气缸输出轴上。

⑥ 安装皮带。

⑦ 安装皮带罩。

⑧ 安装摆缸传送装置支架。

⑨ 安装节流阀。

⑩ 安装磁性开关。

安装效果如图 2-22 所示。

图 2-22 摆缸传送装置零部件安装效果图

3. 供料装置与摆缸传送装置的位置调整

调整供料装置与摆缸传送装置的位置及供料装置的高度，使吸盘能落到工件的凹槽中心，且能使吸盘副上的弹簧压下 10mm 左右，效果如图 2-23 所示。

4. 气路二联体的安装

气路二联体通过连接支架和固定支架安装到供料台面上的边缘，安装效果如图 2-24 所示。

5. 电磁阀组的安装

电磁阀组安装在摆缸传送装置附近，和旋转气缸对齐，效果如图 2-25 所示。

图 2-23 供料装置与摆缸传送装置的位置效果图

图 2-24 二联体安装效果图

图 2-25 电磁阀组安装效果图

6. 线槽、端子排及光纤传感器的安装

端子排和光纤传感器安装在一条直线上，两条线槽平行，安装效果如图 2-26 所示。

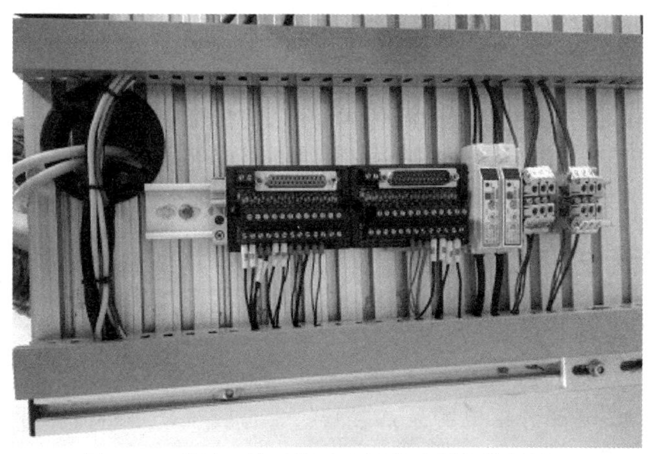

图 2-26 线槽、端子排及光纤传感器安装效果图

二、供料单元的气路安装

1. 安装方法

由图 2-16 所示供料单元的气路安装原理可知，气源接入电磁阀组汇流板的进气口，三个电磁阀分别控制推料气缸、摆动气缸和真空发生器的动作，气管连接如图 2-27 所示。

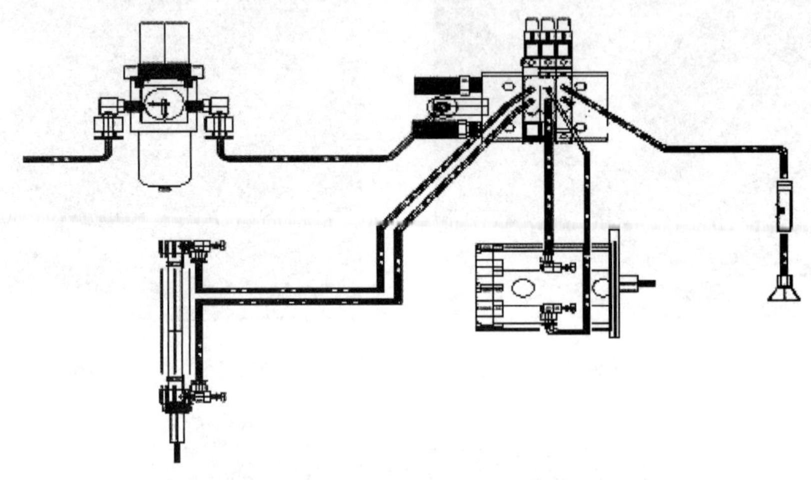

图 2-27 供料单元气路连线图

2. 安装步骤

① 按照供料单元气动控制回路安装连接图所示的连接关系，依次用气管将气泵气源输出快速接头与过滤减压阀的气源输入快速接头连接。

② 过滤减压阀的气源输出快速接头与 CP 阀岛上汇流板气源输入的快速接头连接。

③ 将汇流板上的推料气缸、真空吸盘、摆动气缸电磁阀上的快速接头分别用气管连接到这些气缸节流阀的快速接头上。

3. 安装注意事项

① 一个电磁阀的两根气管连接至一个气缸的两个端口，不能一个电磁阀交叉连接至两个气缸，或两个电磁阀连接至一个气缸。

② 接入气管时插入节流阀的气孔后确保不能拉出即可，而且要保证不能漏气。

③ 拔出气管时先要用左手按下节流阀气孔上的伸缩件，右手用小力轻轻拔出即可，切不可直接用力强行拔出，否则会损坏节流阀内部的锁扣环。

④ 连接气路时最好进、出气管用两种不同颜色的气管来连接，方便识别。

⑤ 气管的连接做到走线整齐、美观、尼龙绑扎距离保持在 4～5cm 为宜。

⑥ 气路连接效果如图 2-28 所示。

三、供料单元的电路连接

供料单元的电路安装分为供电、面板、平台端子排等部分。

1. 供料单元电路的供电部分

供料单元电路的供电部分由电源引入插座、3 芯插座、断路器、开关电源、PLC 等组成，其原理如图 2-29 所示。

图 2-28　气路连接效果图

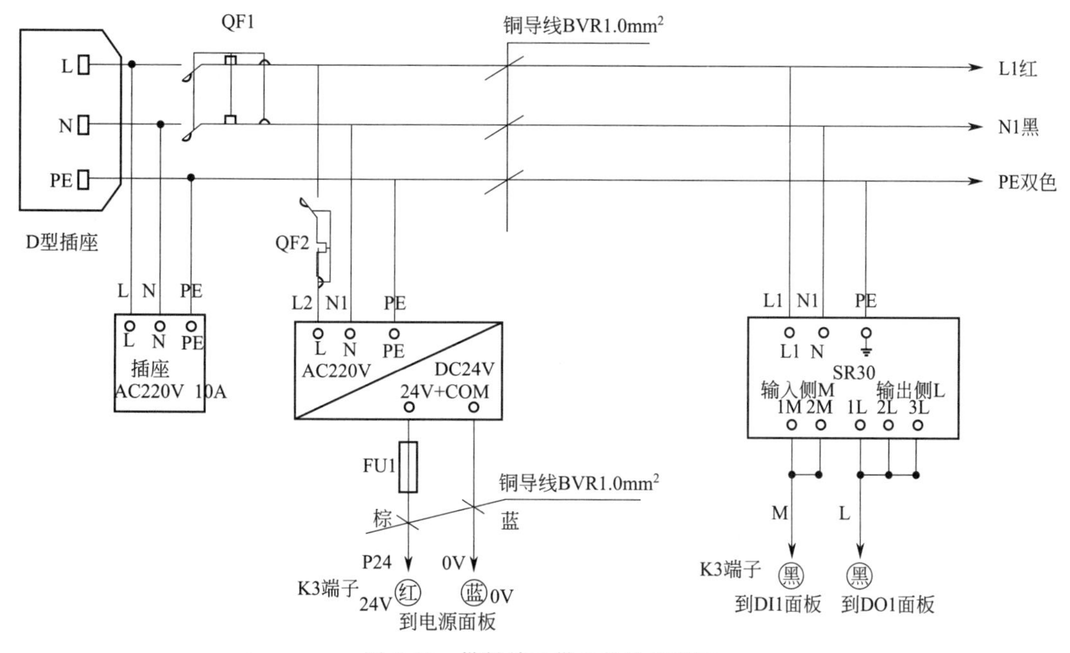

图 2-29　供料单元供电部分接线图

2. 供料单元电路的 PLC 的 I/O 连接

PLC 的 I/O 端口分别连接 DB25 母口和公口连接件，接线如图 2-30 所示。

3. 供料单元电路的面板部分

供料单元电路的操作面板由带灯按钮开关、带灯旋钮开关、带灯急停开关等组成，其面板布置如图 2-31 所示，电路连接如图 2-32 所示。

4. 供料单元电路的平台部分

供料单元电路的平台部分由 DB25 连接件转接端子、端子排、传感器、电磁阀等元件组成，其元件位置及线路连接如图 2-33～图 2-35 所示。

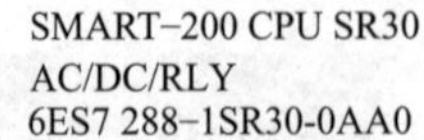

图 2-30 供料单元的 PLC 的 I/O 接线图

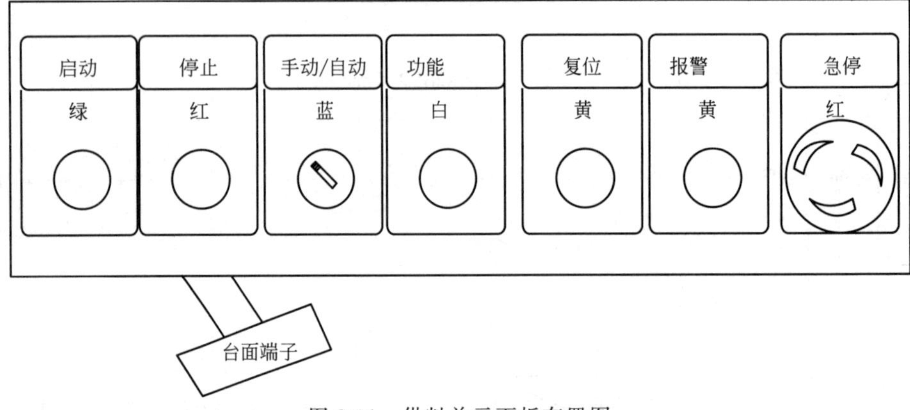

图 2-31 供料单元面板布置图

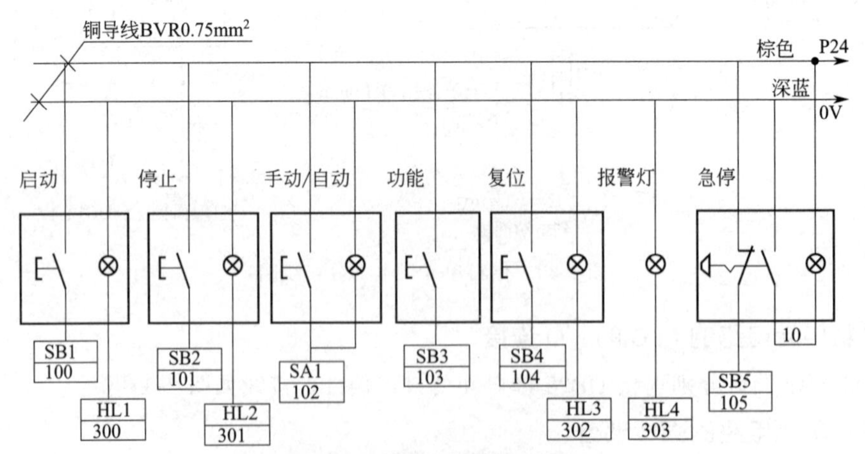

图 2-32 供料单元按键接线图

图 2-33 平台端子排位置图

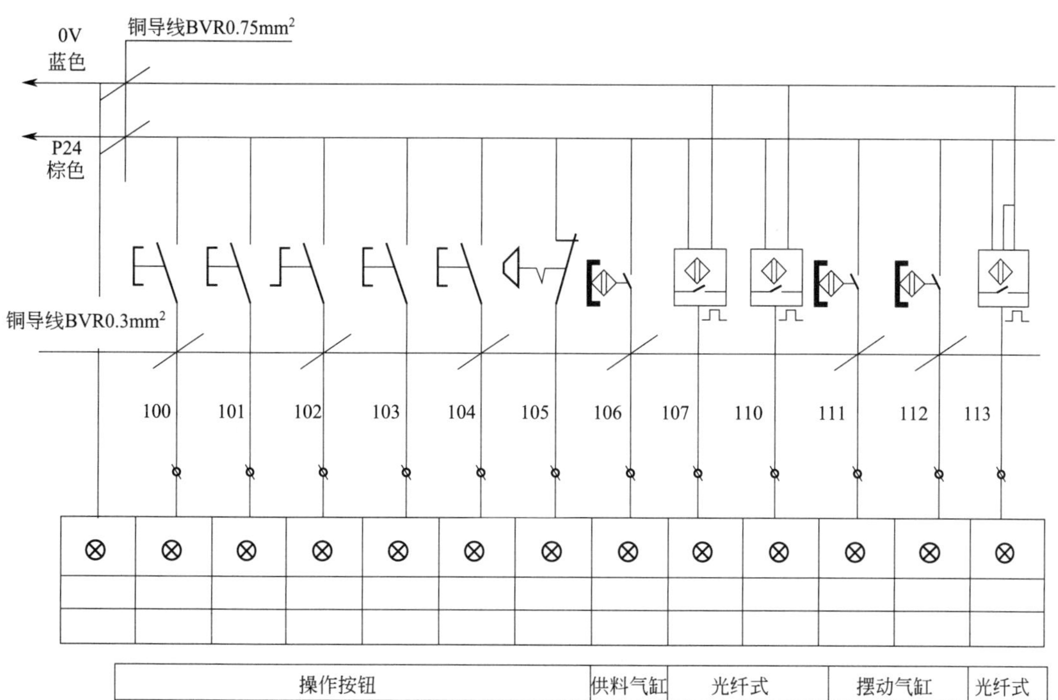

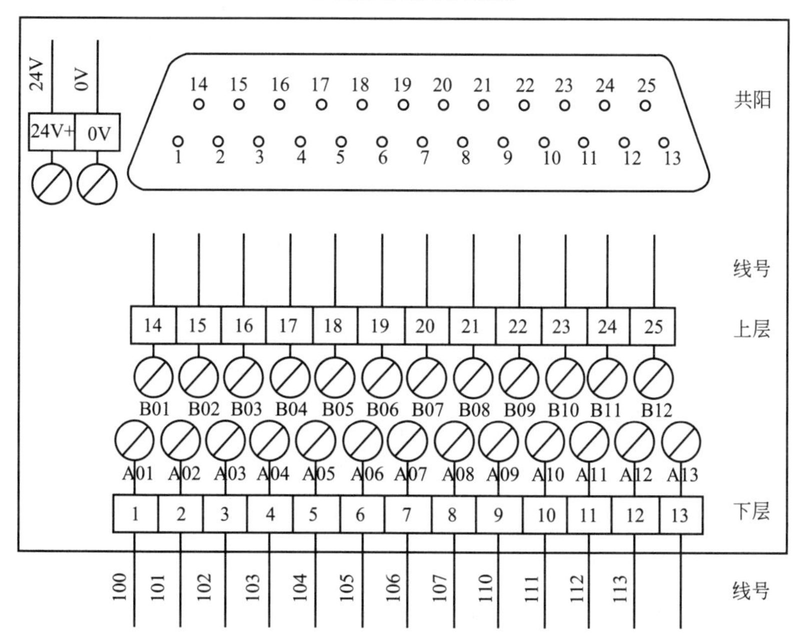

图 2-34 PLC 采集输入连线图

5. 电路安装要求及注意事项

① 按图纸要求选择导线线径、颜色。

② 导线的长度合适。

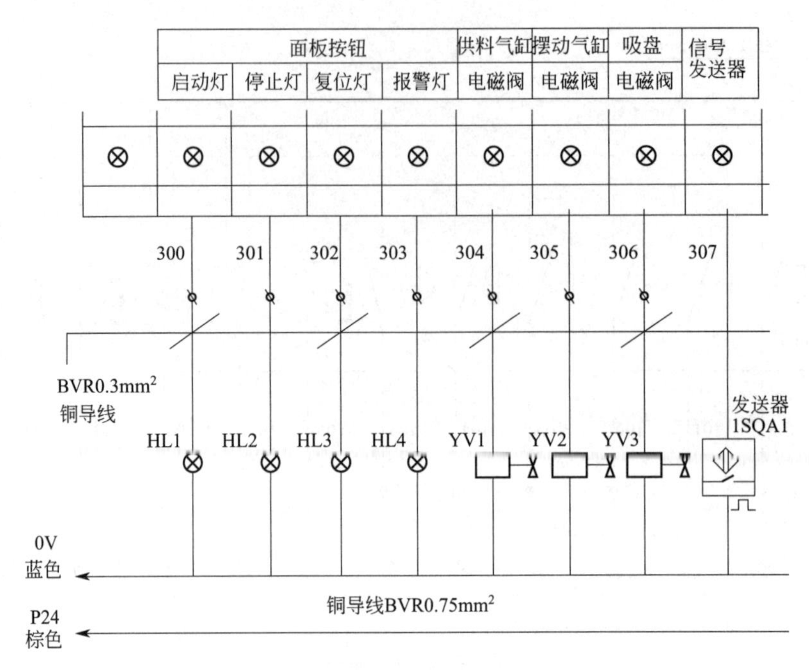

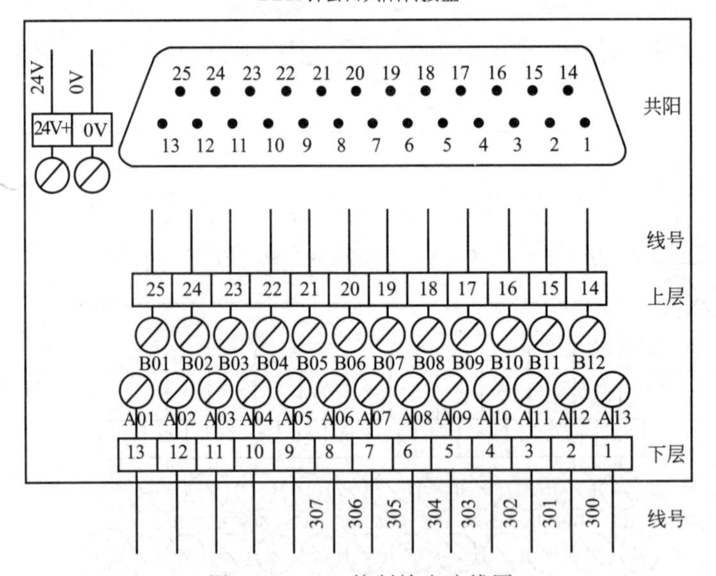

图 2-35　PLC 控制输出连线图

③ 导线端子压接不露铜，无毛刺。

④ 导线在线槽内排列整齐。

⑤ 不能入线槽的导线要有固定块固定到平台上。

四、供料单元的硬件调试

① 机械：不能松动、运行顺畅。

② 气路：连接正确，运行平稳。

③ 逐个检查 I/O 接口是否正确。

五、供料单元的程序设计及调试

1. PLC 的 I/O 分配

PLC 的 I/O 分配见表 2-1。

表 2-1　PLC 的 I/O 分配表

序号	I/O 地址	设备符号	设备名称	设备功能
1	I0.0	SB1	绿色带灯按钮	启动
2	I0.1	SB2	红色带灯按钮	停止
3	I0.2	SA	带灯旋钮	手动/自动切换开关
4	I0.3	SB3	白色按钮	功能
5	I0.4	SB4	黄色带灯按钮	复位
6	I0.5	SB5	红色带灯复位按钮	急停
7	I0.6	1B1	磁性开关	直线气缸缩回
8	I0.7	2B1	光纤开关	料仓有料检测
9	I1.0	3B1	光纤开关	料块推出到位检测
10	I1.1	4B1	磁性开关	摆动气缸左限位
11	I1.2	4B2	磁性开关	摆动气缸右限位
12	I1.3	4B1	接收器	接受下一单元信号
13	Q0.0	HL1	指示灯	启动指示
14	Q0.1	HL2	指示灯	停止指示
15	Q0.2	HL3	指示灯	复位指示
16	Q0.3	HL4	指示灯	报警指示
17	Q0.4	YV1	电磁阀	控制推料气缸
18	Q0.5	YV2	电磁阀	控制摆动气缸
19	Q1.6	YV3	电磁阀	真空吸盘
20	Q1.7	SQA1	发送器	向下一单元传信号

2. 程序流程图

程序流程图见图 2-36。

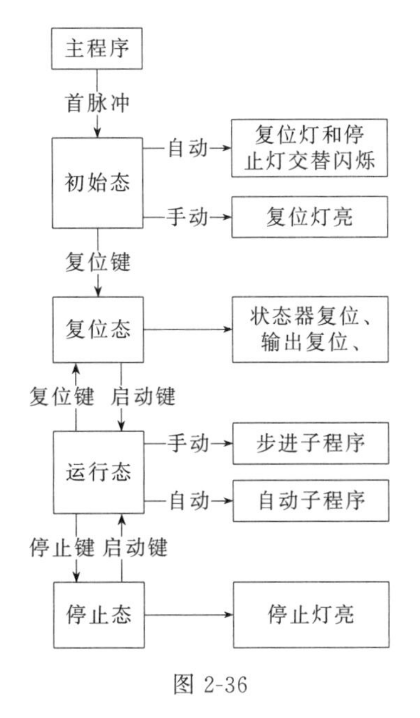

图 2-36

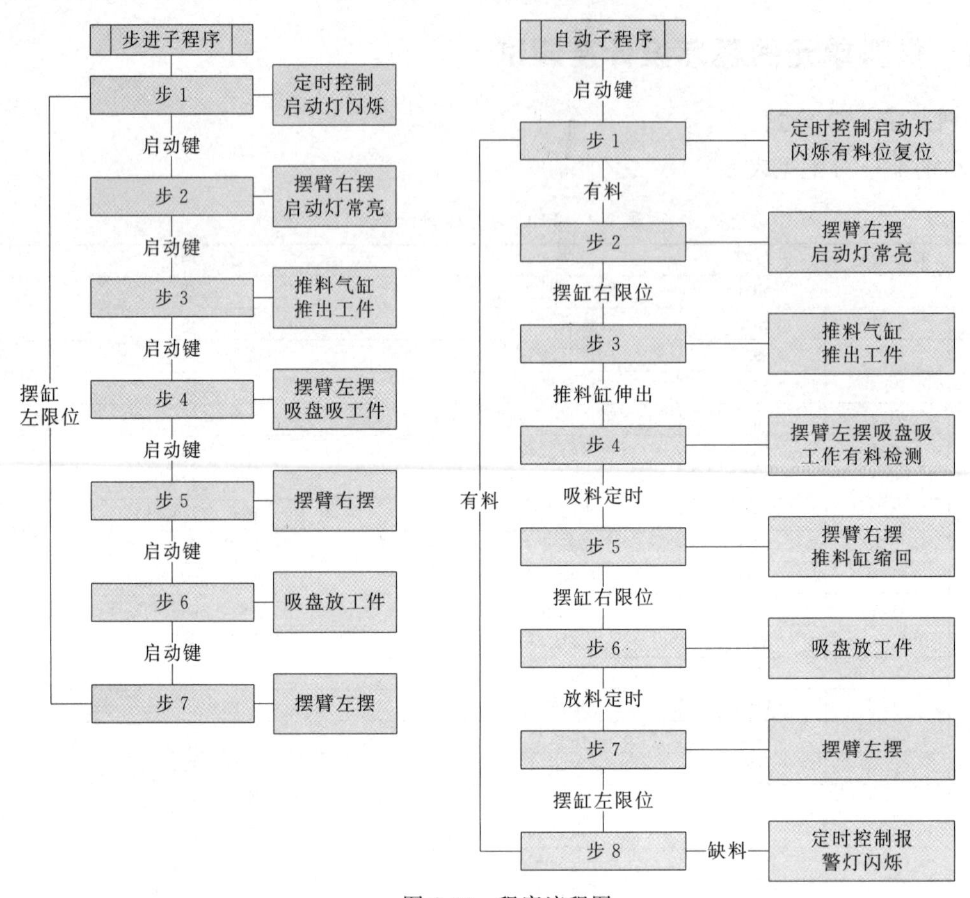

图 2-36 程序流程图

3. 梯形图程序

(1) 主程序

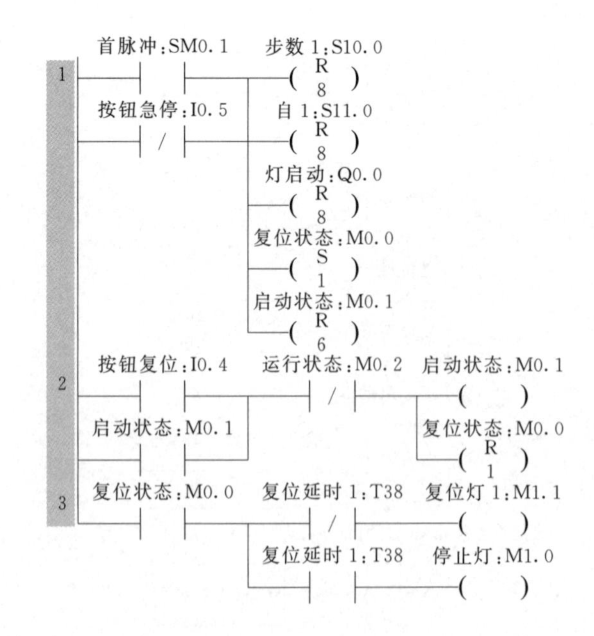

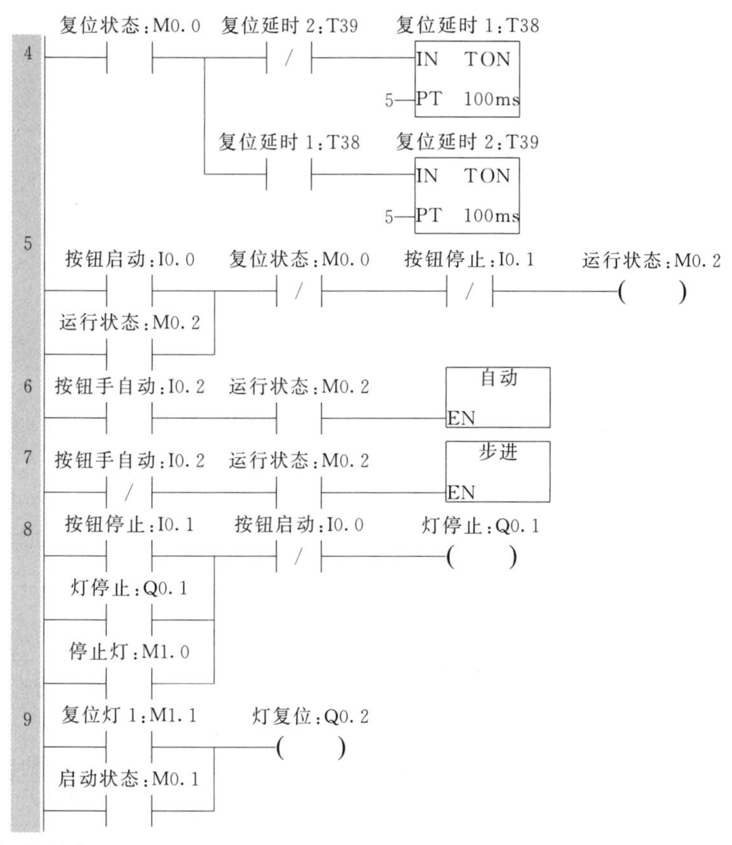
复位状态:M0.0
复位延时 2:T39
复位延时 1:T38
IN TON
5—PT 100ms
复位延时 1:T38
复位延时 2:T39
IN TON
5—PT 100ms
按钮启动:I0.0
复位状态:M0.0
按钮停止:I0.1
运行状态:M0.2
运行状态:M0.2
按钮手自动:I0.2
运行状态:M0.2
自动
EN
按钮手自动:I0.2
运行状态:M0.2
步进
EN
按钮停止:I0.1
按钮启动:I0.0
灯停止:Q0.1
灯停止:Q0.1
停止灯:M1.0
复位灯 1:M1.1
灯复位:Q0.2
启动状态:M0.1

(2) 手动步进程序

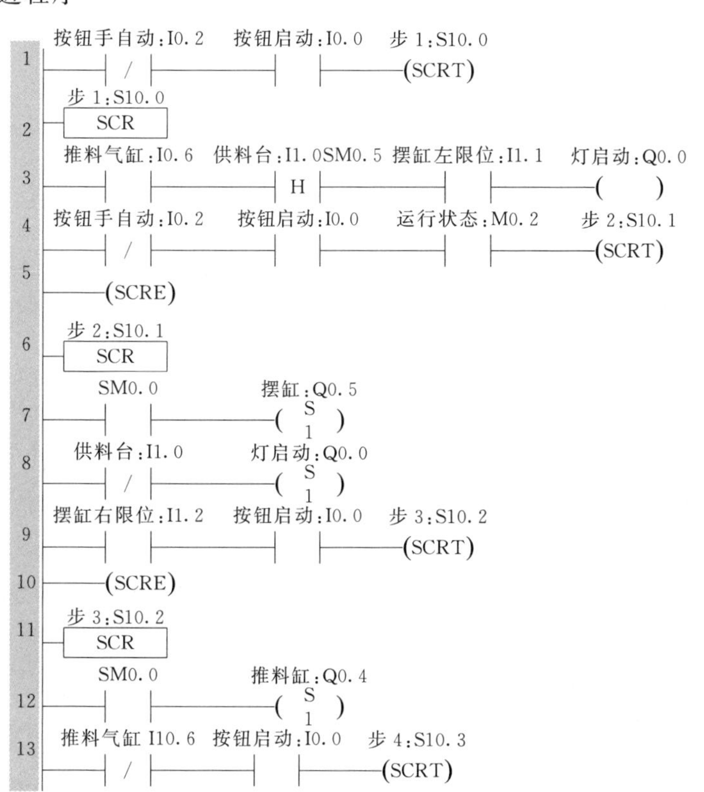
按钮手自动:I0.2
按钮启动:I0.0
步 1:S10.0
(SCRT)
步 1:S10.0
SCR
推料气缸:I0.6
供料台:I1.0SM0.5
摆缸左限位:I1.1
灯启动:Q0.0
H
按钮手自动:I0.2
按钮启动:I0.0
运行状态:M0.2
步 2:S10.1
(SCRT)
(SCRE)
步 2:S10.1
SCR
SM0.0
摆缸:Q0.5
S
1
供料台:I1.0
灯启动:Q0.0
S
1
摆缸右限位:I1.2
按钮启动:I0.0
步 3:S10.2
(SCRT)
(SCRE)
步 3:S10.2
SCR
SM0.0
推料缸:Q0.4
S
1
推料气缸 I10.6
按钮启动:I0.0
步 4:S10.3
(SCRT)

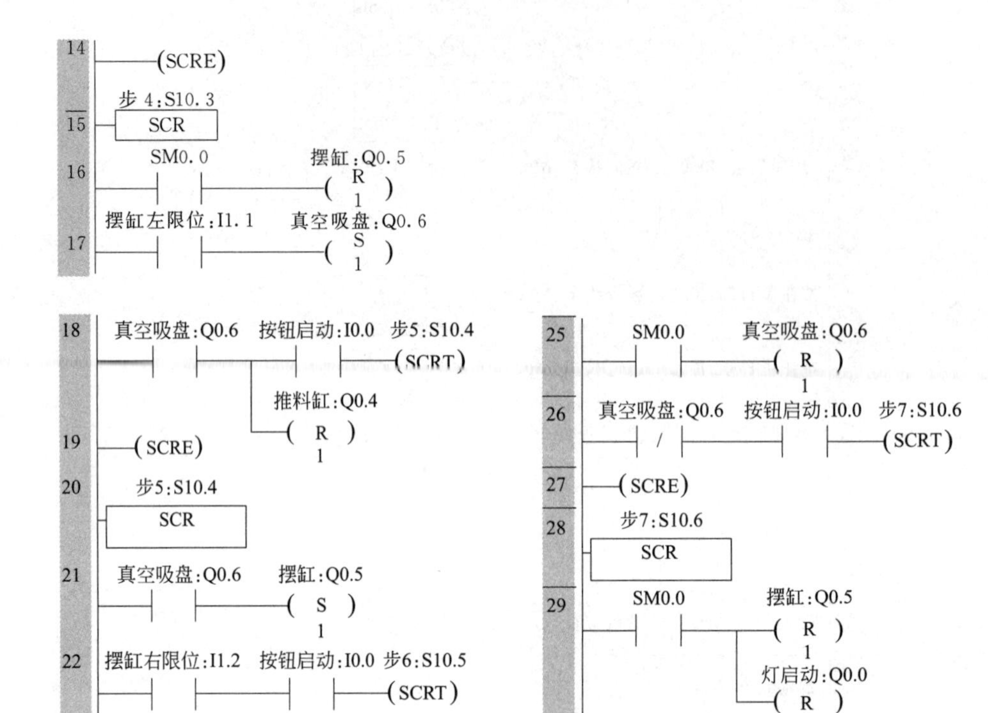

（3）自动运行

4. 程序调试

先用逻辑仿真器调试程序，程序运行正确后再用设备调试，逻辑仿真器如图 2-37 所示。

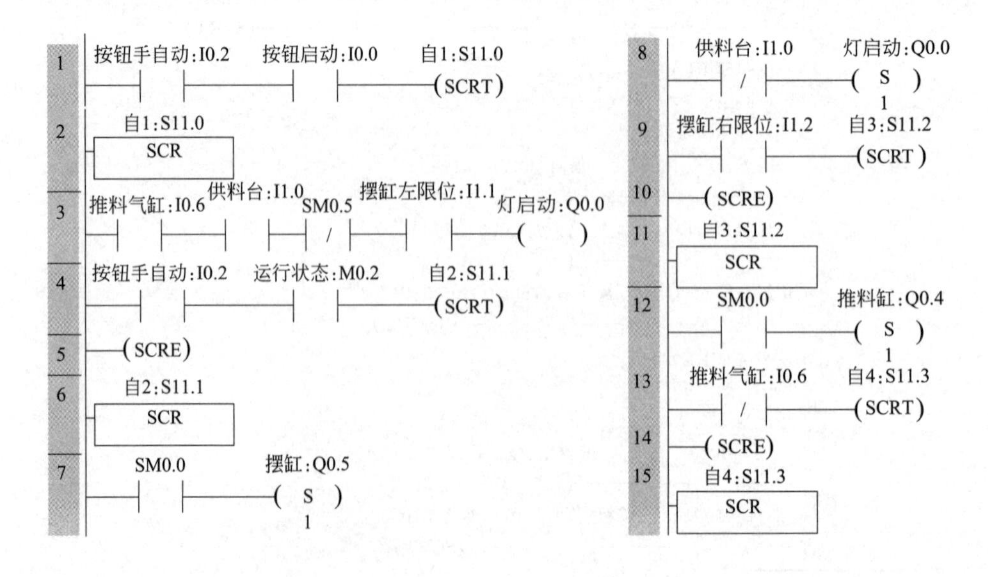

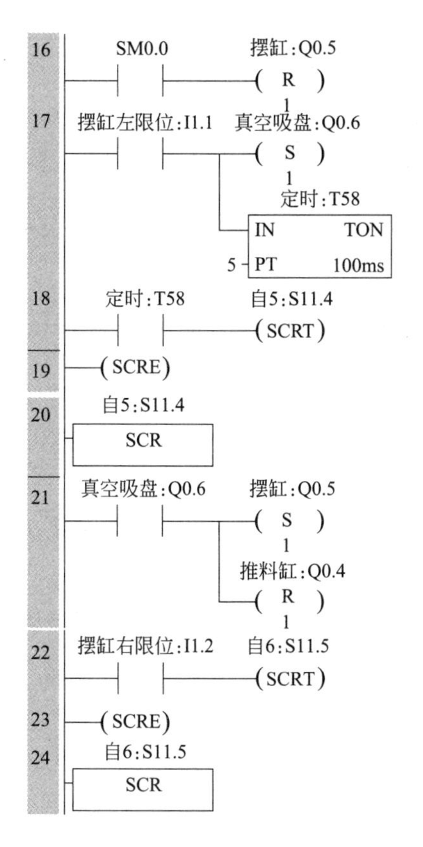

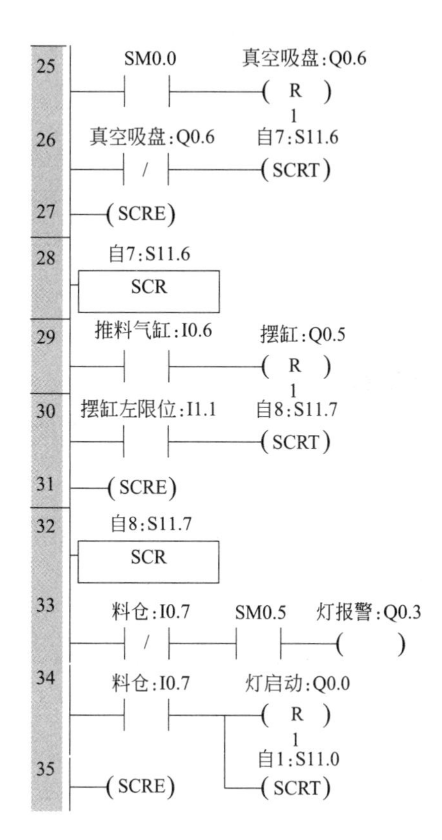

图 2-37　逻辑仿真器

项目评价

项目评价见表 2-2。

表 2-2　项目评价表

评价内容		分值	评分标准	得分
安装	机械安装	20	零部件牢固，松动一处扣 2 分 衔接处衔接不顺畅，每处扣 3 分	
	气路安装	10	要整齐、美观、规范	

续表

评价内容		分值	评分标准	得分
安装	线路安装	20	导线连接错误,每处扣3分 电源线和信号线不区分扣2分 导线绑扎不整齐,每处扣2分	
软件编写	程序编写	5	规范、合理,每错一处扣1分	
	程序下载	5	不能下载到PLC内扣5分	
	功能调试	30	功能不全,每缺少一种扣5分	
安全文明操作	遵守安全文明操作规程	10	违反安全操作规程,酌情扣3～10分	

拓展练习

① 熟悉供料单元工艺流程，调整零部件安装位置，改变工件传递方向，工件由右端放入，向左方传递。

② 熟悉S7-200SMART软件，根据供料单元工艺流程，采用置位、复位指令编写供料单元控制程序，使设备正常运行。

③ 熟悉控制流程，编写自动供料10个工件后停机程序，并在供料设备上调试运行。

④ 总结供料单元的安装及调试过程，完成实训报告。

项目三

DLDS-500AR 生产线的搬运单元

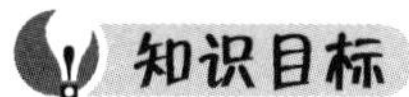

知识目标

① 熟悉搬运单元的基本结构和工作过程。

② 掌握传感器技术、气动技术的工作原理及在搬运单元中的应用。

③ 掌握搬运单元的气路和电路原理。

④ 掌握搬运单元的控制程序。

技能目标

① 正确安装、调试搬运单元的机械零部件和气动元件。

② 正确安装、调试搬运单元的各种传感器。

③ 正确连接搬运单元的气路、电路。

④ 根据搬运单元的工作流程编写及调试 PLC 控制程序。

项目描述

DLDS-500AR 模块化柔性生产线的搬运单元，由深度测量装置、机械手搬运装置、电气控制板、传感器、操作面板、I/O 转接端口模块、气源等部分组成。

搬运单元的主要作用是对上一单元运送来的工件进行深度测量，根据测量结果将满足要求的工件由机械手臂搬送到下一个工作单元，不符合要求的工件则搬送到废料仓。

认真分析搬运单元的机构组成及工作原理，安装、调整搬运单元各部分，并根据如下控制流程设计控制程序，完成设备的动作功能。

搬运单元的控制流程如下：

1. 准备过程

① 断开 PLC 与编程设备的连接，关闭 PLC 电源，关闭气源，清除工作单元上的所有工件，切换旋钮处于自动位置，二联件压力设定为 5bar。

② 打开电源，打开气源（在教师允许后）。

③ 机械手松开，手臂在上部位置；深度检测装置水平气缸缩回，垂直气缸落回，深

度检测传感器检测杆在下部；复位灯、停止灯交替闪烁，闪烁频率为1Hz。

2. 动调试过程（旋钮打到手动位置）

① 停止灯灭，复位灯亮。

② 按一下复位按钮。

③ 复位灯灭，停止灯亮，机械手移动到料仓1滑槽上方。

④ 机械手移动完成后，开始灯闪烁，停止灯灭。

⑤ 将工件放在搬运单元料台上。

⑥ 按一下开始按钮。

⑦ 检测到料台上有工件，开始灯常亮；垂直气缸上升。

⑧ 按一下开始按钮。

⑨ 水平气缸伸出。

⑩ 按一下开始按钮。

⑪ 垂直气缸回落，深度检测杆落到工件上，测量工件孔深。

⑫ 按一下开始按钮。

⑬ 垂直气缸上升。

⑭ 按一下开始按钮。

⑮ 水平气缸缩回。

⑯ 按一下开始按钮。

⑰ 垂直气缸回落。

⑱ 按一下开始按钮。

⑲ 机械手臂移动到料台上方。

⑳ 按一下开始按钮。

㉑ 机械手臂下降。

㉒ 按一下开始按钮。

㉓ 机械手抓取工件。

㉔ 按一下开始按钮。

㉕ 机械手臂上升。

㉖ 按一下开始按钮。

㉗ 机械手臂移动，根据深度测量误差，工件分不足、超出和正常三种情况，分别搬运至料仓1、料仓2和下一单元，到位后停止移动。

㉘ 按一下开始按钮。

㉙ 机械手臂下降。

㉚ 按一下开始按钮。

㉛ 释放工件。

㉜ 按一下开始按钮。

㉝ 机械手臂移动到料仓1号位置，开始灯闪烁。

3. 自动过程（旋钮打到自动位置）

① 自动灯亮。

② 按一下开始按钮。

③ 检测到料台上有工件，开始灯常亮；垂直气缸上升。

④ 上升到位后，水平气缸伸出。

⑤ 伸出到位后，垂直气缸回落，检测杆落到工件上，测量工件孔深。

⑥ 测量结束后，垂直气缸上升。

⑦ 上升到位后，水平气缸缩回。

⑧ 缩回到位后，垂直气缸回落。

⑨ 机械手臂移动到料台上方。

⑩ 机械手臂下降。

⑪ 下降到位后，机械手抓取工件。

⑫ 抓取工件后，手臂上升。

⑬ 上升到位后，机械手臂移动，根据深度测量误差，工件分不足、超出和正常三种情况，分别搬运至料仓 1、料仓 2 和下一单元，到位后停止移动。

⑭ 手臂下降。

⑮ 释放工件。

⑯ 机械手臂移动到料仓 1 位置，开始灯闪烁。

⑰ 料台上无工件时，开始灯和报警灯交替闪烁，表示缺料；有工件后报警灯灭，执行步骤③～⑯。

⑱ 按下停止按钮，完成一次搬运过程后停止，停止灯亮，开始灯灭。

⑲ 按下急停按钮，立即停止当前的动作，按下复位按钮后，才能开始搬运动作。

项目分析

对搬运单元，首先熟悉设备资料、结构、原理，然后逐步完成任务如下：

① 清楚搬运单元的基本结构和工作原理；

② 搬运单元的机械结构分析与安装；

③ 搬运单元的气路原理及安装；

④ 搬运单元的电气原理及线路连接；

⑤ 搬运单元的执行机构的调整；

⑥ 搬运单元的 PLC 程序设计；

⑦ 搬运单元的运行调试。

知识准备

一、搬运单元的组成

搬运单元的组成包括机械手搬运装置、工件深度检测装置、进料台、PLC 控制器、接线端子、光纤传感器、感应传感器、磁性开关、电磁阀组等，如图 3-1 所示。

机械手搬运装置由气动手爪、双轴气缸、直流电动机、直线移动模组、磁性开关、感应传感器、结构件等组成，如图 3-2 所示。直线移动模组上分布着 4 个磁感应传感器和 2 只微动开关，分别作为工件本单元入口、料仓 1、料仓 2、工件出口位置检测和移动左、右限位。

工件深度检测装置由直线位移传感器、2 只双轴直线气缸、磁性开关、结构件等组成，如图 3-3 所示。

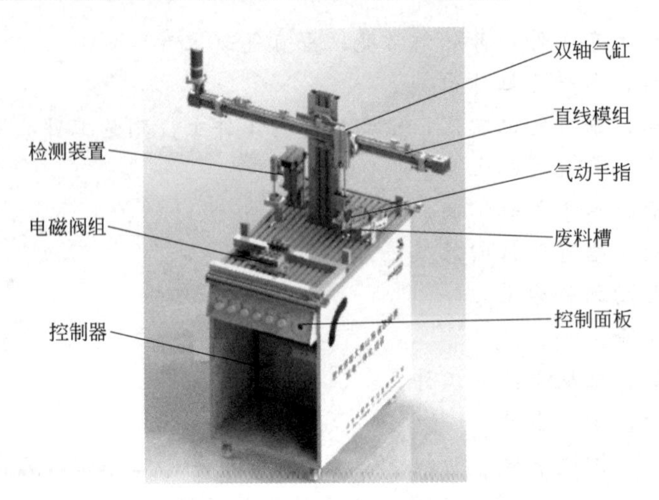

图 3-1 搬运单元组成图

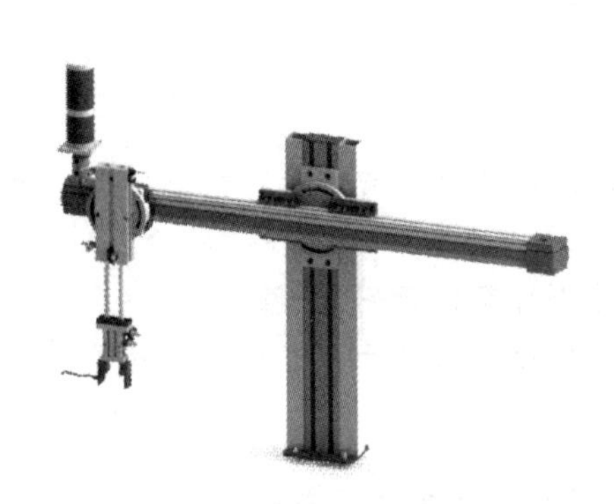

图 3-2 机械手搬运装置组成图

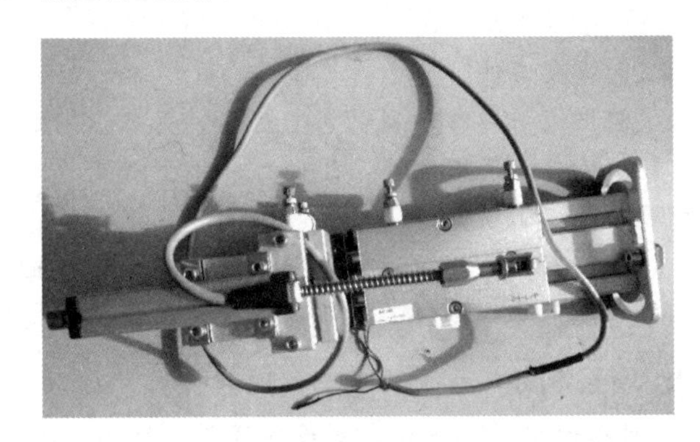

图 3-3 工件深度测量装置组成图

工件料台由 1 只光纤传感器和结构件组成。

二、搬运单元的功能

工件深度检测装置的直线位移传感器可测量工件凹槽深度，由控制器分析深度尺寸，判定工件是否合格。

机械手搬运装置配备一个柔性的二轴手爪，抓取入料台上的工件，根据 PLC 指令放置到废料仓或传送下一单元。

工件料台是本单元工件入口，可放置 1 只工件，光纤传感器发出有（无）工件信号。

工件从料台经深度测量，搬运至目的位置，流程如图 3-4 所示。

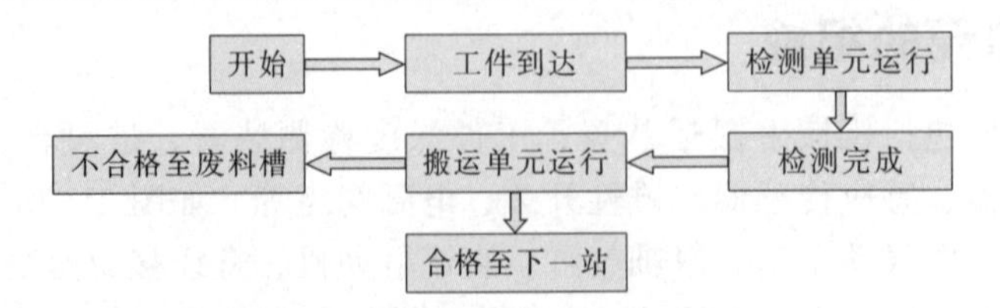

图 3-4 搬运单元工作流程图

三、搬运单元的基本原理

工件料台结构件为一段开放的半圆形凹槽，能放置 1 只工件，侧壁的光纤传感器能检测到工件传入。

工件深度检测装置配备的2套双轴直线气缸，可使直线位移传感器上、下及前、后移动；当有工件进入料台上时，垂直气缸可使位移传感器上升，水平气缸带动位移传感器移动到料台上方，垂直气缸下降，使位移传感器检测杆探入工件凹槽内；检测杆深入工件凹槽形成位移量，提供给控制器，可计算出凹槽深度。

机械手搬运装置的机械手由双轴直线气缸和薄壁气缸驱动，可使手臂上、下运动，手指抓、放工件。直线运动模组上的4只位置磁性开关可提供工件提取位置、深度超差料仓、深度不足料仓及工件出口放置位置。

四、传感器在搬运单元中的应用

光纤传感器：安装于料台上侧壁，用于检测是否有工件到达。

磁性开关：安装于气缸和直线移动模组上，用于检测手指抓、放状态，手臂伸、缩状态和机械手移动位置。

五、气动元件在搬运单元中的应用

搬运单元中用到的气动元件主要有：双作用薄型双杆气缸、气动手指、节流阀、电磁阀和气动二联体。

1. 薄型双杆气缸

双作用薄型双杆气缸带左右导向杆，机械强度和精度较高，安装尺寸比较紧凑（比较薄），适合在空间小的地方用，且使用在有一定定位精度要求和夹紧要求的场合。直线位移传感器的垂直及水平移动、机械手手臂的升降，都由双作用薄型双杆气缸驱动，其外形及结构组成如图3-5所示。

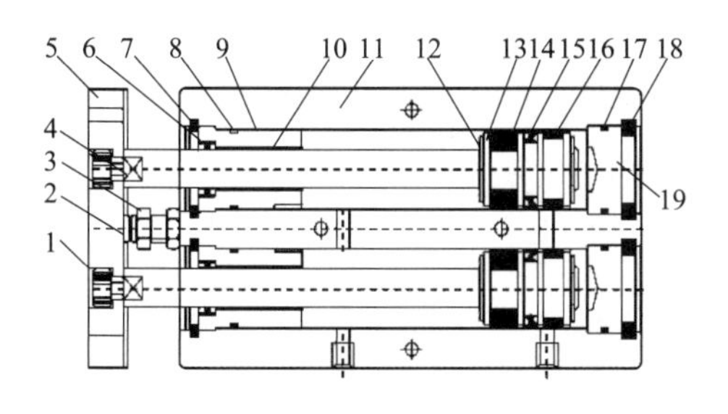

序号 NO	名称	序号 NO	名称
1	内六角螺栓	2	缓冲垫片
3	调整螺栓	4	轴心
5	前板	6	前盖近紧
7	C形扣环	8	前盖O令
9	前盖	10	轴心轴承
11	本体	12	缓冲垫片
13	活塞	14	磁铁
15	活塞O令	16	耐磨环
17	后盖O令	18	C形扣环
19	后盖		

图3-5 薄型双杆气缸外形、结构及主要组成图

2. 气动手指

气动手指气缸能实现各种抓取功能，是现代气动机械手的关键部件，外形及结构如图3-6

所示。手指气缸的特点有：所有的结构都是双作用的，能实现双向抓取，可自动对中，重复精度高；抓取力矩恒定；在气缸两侧可安装非接触式行程检测开关；有多种安装连接方式；耗气量少。气动手指气缸常用的有以下三种形式：图 3-6(a) 所示为摆动型手指气缸，活塞杆上横杆有一个横销轴，由于手指耳轴与横销轴相连，因而手指可同时移动且自动对中，并确保抓取力矩始终恒定。图 3-6(b) 所示为旋转型手指气缸，其动作和齿轮齿条的啮合原理相似；手指与齿轮相连，齿条推动齿轮并带动手指旋转；两个手指可同时旋转并自动对中，并确保抓取力矩始终恒定。图 3-6(c) 所示为平行型手指气缸，活塞杆上有一个横销轴，拨叉与横销轴相连并推动手指平行运行；两个拨叉与同一横销轴相连，确保可同时移动且自动对中。

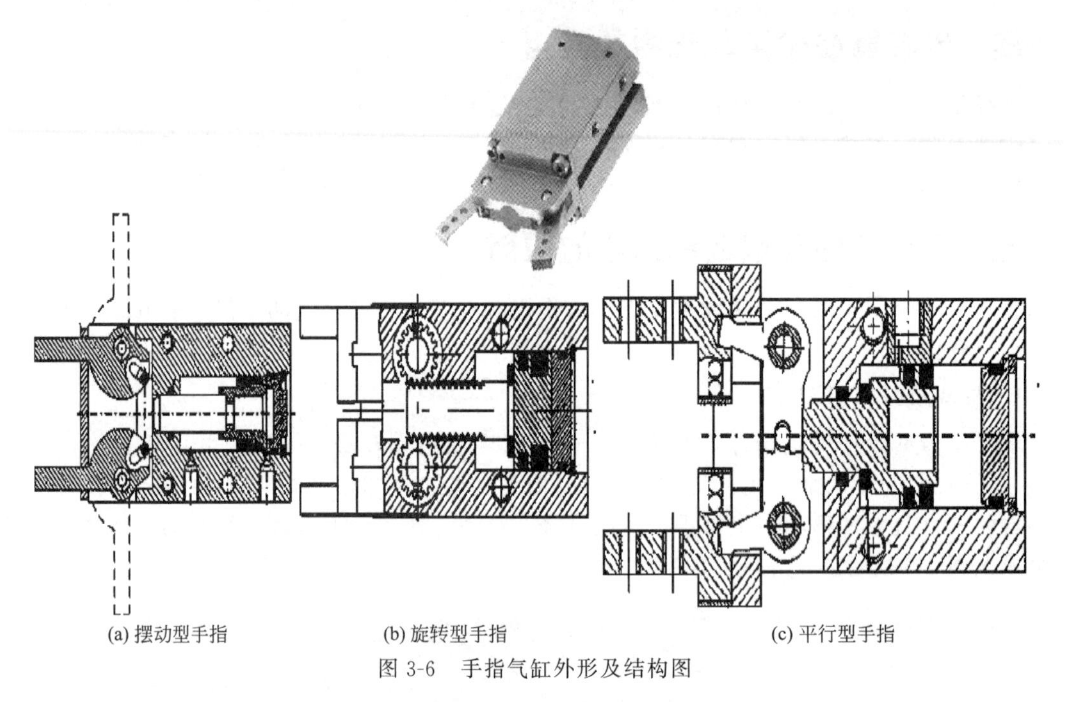

图 3-6　手指气缸外形及结构图

六、搬运单元的气路

搬运单元的气路部分由气动二联体、汇流板、电磁阀、节流阀、气缸等组成，原理如图 3-7 所示。

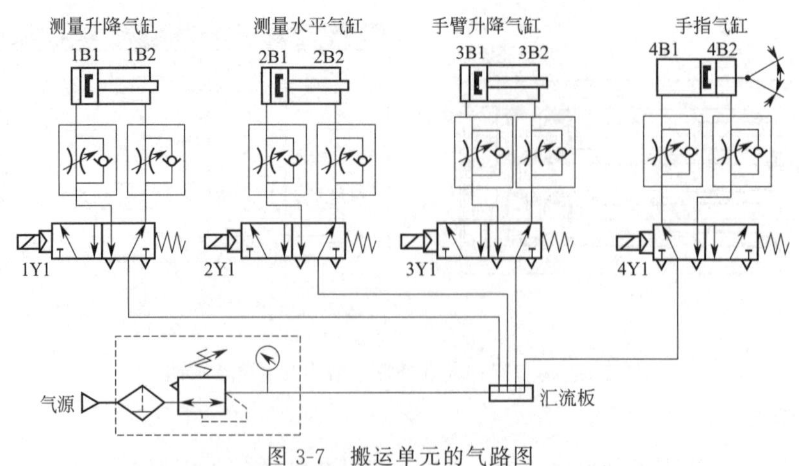

图 3-7　搬运单元的气路图

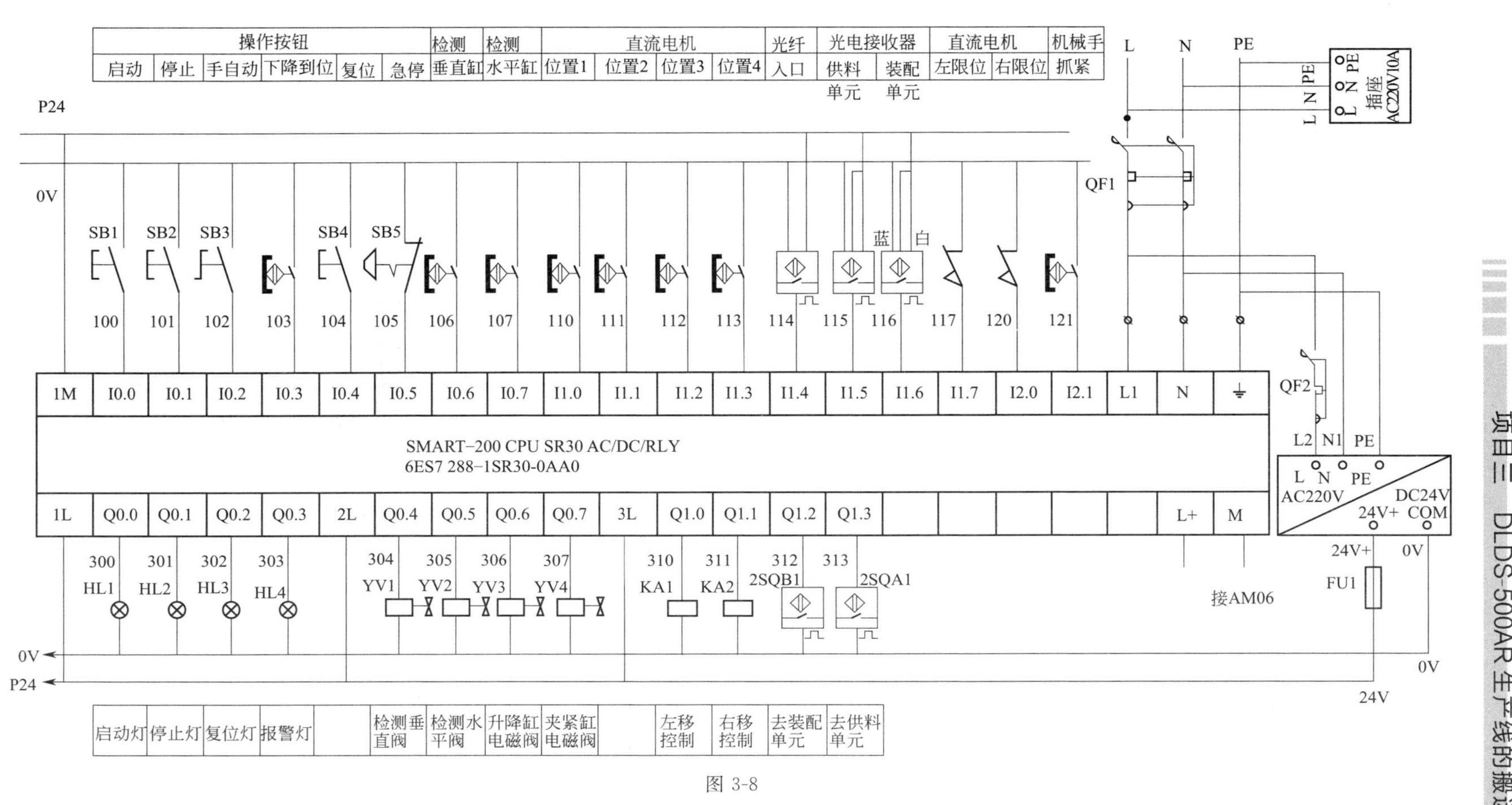

操作按钮
启动
停止
手自动
下降到位
复位
急停
检测
垂直缸
检测
水平缸
直流电机
位置1
位置2
位置3
位置4
光纤
入口
光电接收器
供料单元
装配单元
直流电机
左限位
右限位
机械手
抓紧
L
N
PE
插座
AC220V10A
P24
0V
SB1
SB2
SB3
SB4
SB5
蓝
白
100
101
102
103
104
105
106
107
110
111
112
113
114
115
116
117
120
121
QF1
1M
I0.0
I0.1
I0.2
I0.3
I0.4
I0.5
I0.6
I0.7
I1.0
I1.1
I1.2
I1.3
I1.4
I1.5
I1.6
I1.7
I2.0
I2.1
L1
N
QF2
L2
N1
PE
SMART-200 CPU SR30 AC/DC/RLY
6ES7 288-1SR30-0AA0
AC220V
DC24V
24V+
COM
1L
Q0.0
Q0.1
Q0.2
Q0.3
2L
Q0.4
Q0.5
Q0.6
Q0.7
3L
Q1.0
Q1.1
Q1.2
Q1.3
L+
M
300
301
302
303
304
305
306
307
310
311
312
313
HL1
HL2
HL3
HL4
YV1
YV2
YV3
YV4
KA1
KA2
2SQB1
2SQA1
接AM06
FU1
0V
P24
24V
启动灯
停止灯
复位灯
报警灯
检测垂直阀
检测水平阀
升降缸电磁阀
夹紧缸电磁阀
左移控制
右移控制
去装配单元
去供料单元

图 3-8

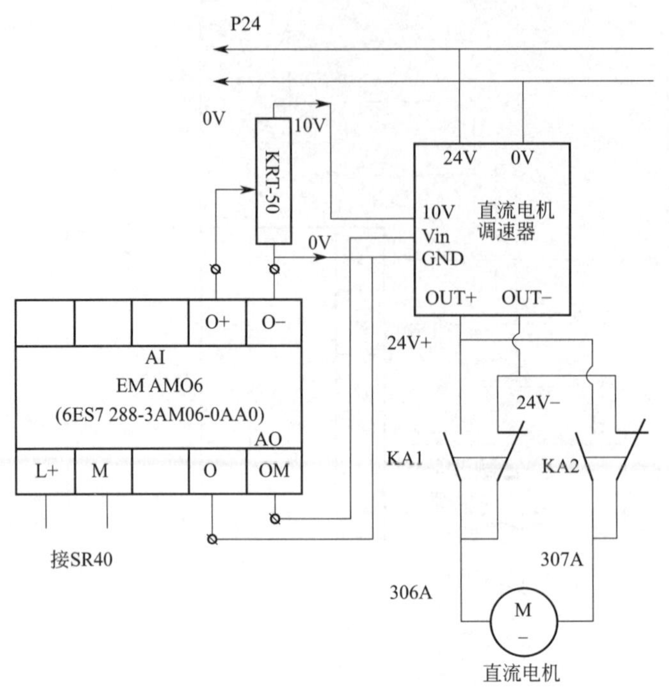

图 3-8 搬运单元电路原理图

七、搬运单元的电路

搬运单元的控制电路由 PLC 主机和模拟量模块、直流电动机、直流电机调速器、位移测量传感器、电磁阀、传感器、开关电源、断路器等组成，原理如图 3-8 所示。

任务实施

一、搬运单元的机械安装

搬运单元由机械手搬运装置、工件深度检测装置、进料台和废料槽等部件组成，其在平台上的位置如图 3-9 所示。

图 3-9 搬运单元机械部件安装位置示意图

1. 机械手搬运装置的安装

（1）零部件核查

机械手搬运装置主要零部件：立架及其底盘各 1 件，直线运动模组 1 套，模组连接盘 1 套，双轴气缸 1 件，双轴气缸固定盘 1 套，气动手指 1 套，机械手组件连接板 1 件，直流电动机联轴器 1 件，直流电动机固定支架 1 件，联轴器 1 件，双轴气缸 1 只，直流电动机 1 台，如图 3-10 所示。

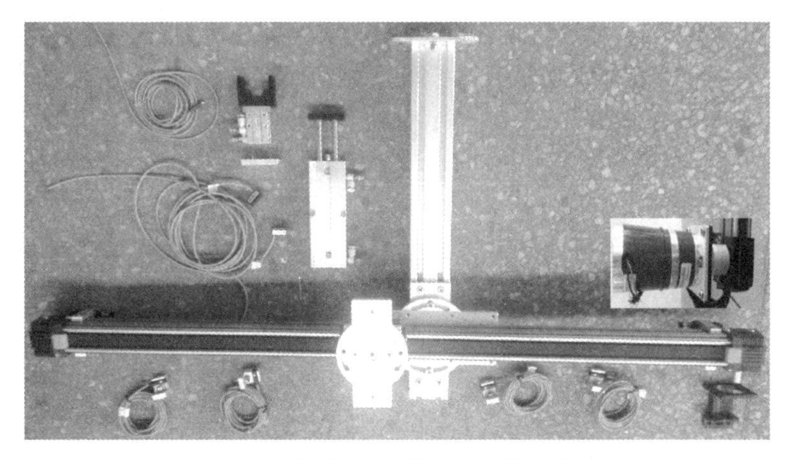

图 3-10　机械手搬运装置零部件组成图

（2）安装步骤与调整

① 安装立架与底盘，注意使盘面与立架垂直。

② 立架固定到单元平台上，注意使平台与立架垂直。

③ 模组连接盘分别固定到立架及直线移动模组。

④ 立架及直线移动模组连接，注意使其垂直。

⑤ 机械手组件连接板固定到直线模组上，使其轴线与模组垂直。

⑥ 气动手指固定到连接板，再固定到双轴气缸上。

⑦ 机械手组件固定到直线模组上。

⑧ 安装直流电机，电机支架和联轴器固定带电动机上，再固定到直线模组上，注意联轴器不受侧向力。

⑨ 安装位置磁性开关连接支架。

⑩ 部分部件安装效果如图 3-11 所示。

2. 工件深度检测装置的安装

（1）零部件核查

工件深度检测装置主要零部件：固定支架 1 套，双轴气缸 2 只，气缸连接板 2 块，直线位移传感器 1 只，如图 3-12 所示。

（2）安装步骤与调整

① 组装固定支架，注意使底盘与立架垂直。

② 支架组件安装到单元平台上，注意使立架与平台垂直。

③ 安装垂直气缸，注意使气缸与平台垂直。

④ 安装水平气缸，注意使气缸与平台平行。

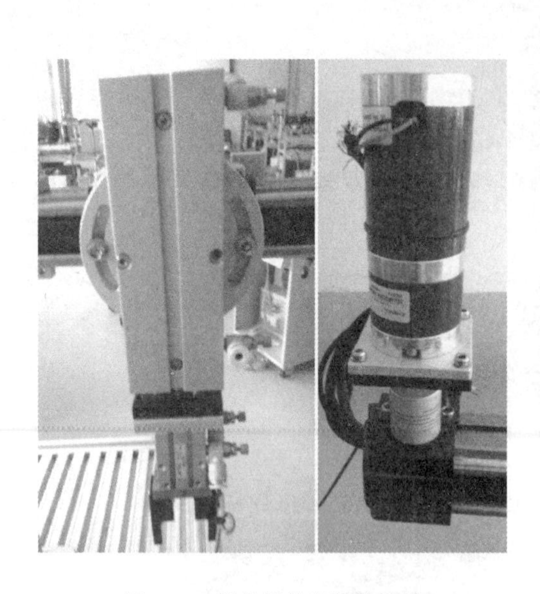

图 3-11　部分部件安装效果图

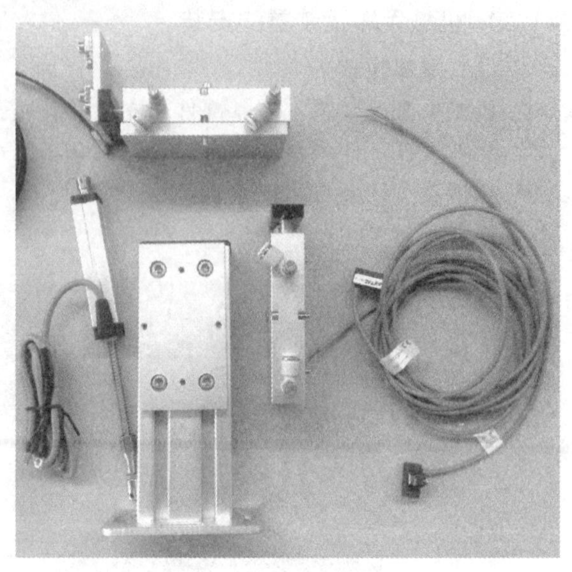

图 3-12　工件深度检测装置主要零部件图

图 3-13　工件深度检测装置安装效果图

⑤ 安装直线位移传感器，注意使移动杆与平台垂直。

⑥ 工件深度检测装置整体效果如图 3-13 所示。

3. 进料台的安装

（1）零部件核查

进料台装置主要零部件：弯板支架 1 件，U 形凹槽料槽 1 件，如图 3-14 所示。

（2）安装步骤与调整

① 支架固定到平台上。

② 进料槽固定到支架上，注意使进料槽底面与平台水平。

4. 废料槽的安装

（1）零部件核查

废料槽主要零部件：滑槽 2 套，弯板支架 2 件，如图 3-15 所示。

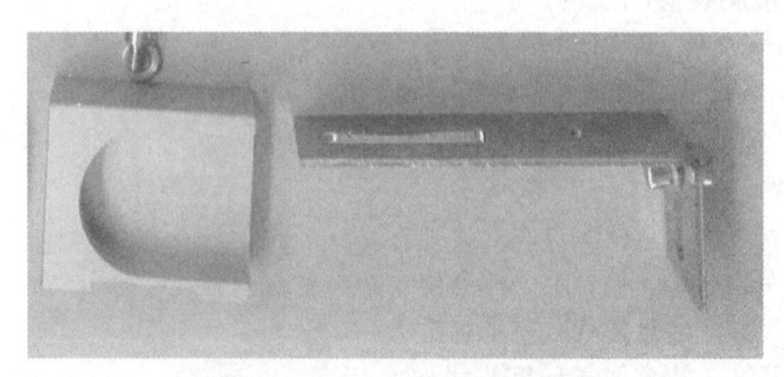

图 3-14　进料台装置主要零部件图

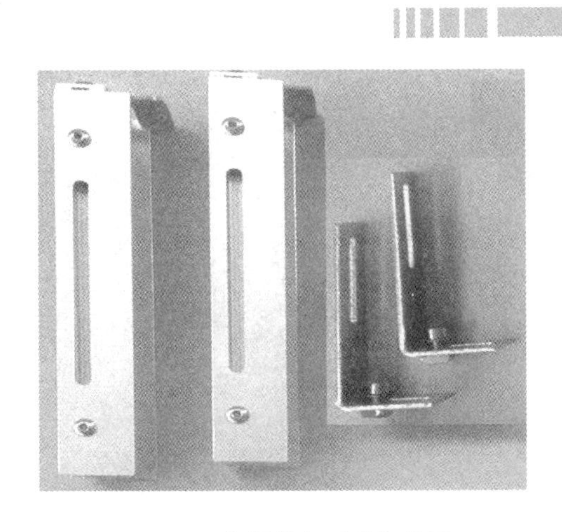

图 3-15　废料槽主要零部件图

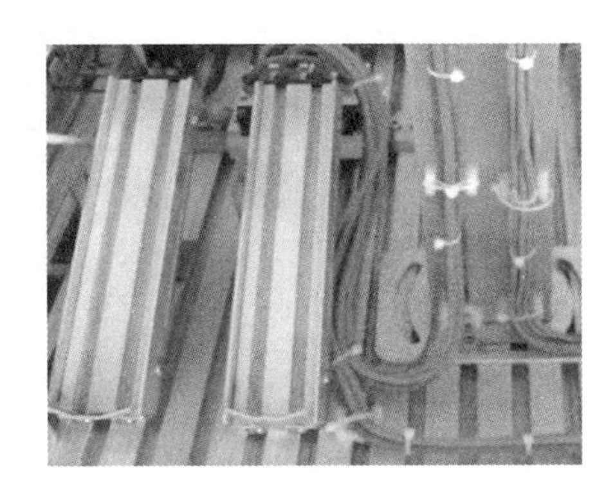

图 3-16　废料滑槽安装效果图

(2) 安装步骤与调整

① 组装滑槽。

② 支架固定到平台上。

③ 滑槽固定到支架上。

④ 废料槽安装整体效果如图 3-16 所示。

5. 气路二联体的安装

气路二联体通过连接支架和固定支架，安装到供料台面上的边缘，安装效果如图 3-17 所示。

图 3-17　二联体安装效果图

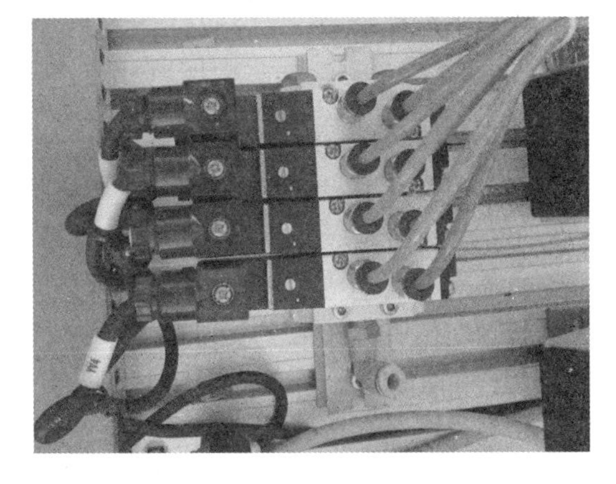

图 3-18　电磁阀组安装效果图

6. 电磁阀组的安装

电磁阀组安装在摆缸传递装置附近，和旋转气缸对齐，效果如图 3-18 所示。

7. 线槽、端子排及光纤传感器的安装

端子排和光纤传感器安装在一条直线上，两条线槽平行，安装效果如图 3-19 所示。

二、搬运单元的气路安装

1. 安装方法

由图 3-7 所示搬运单元的气路安装原理可知，气源接入电磁阀组汇流板的进气口，四个

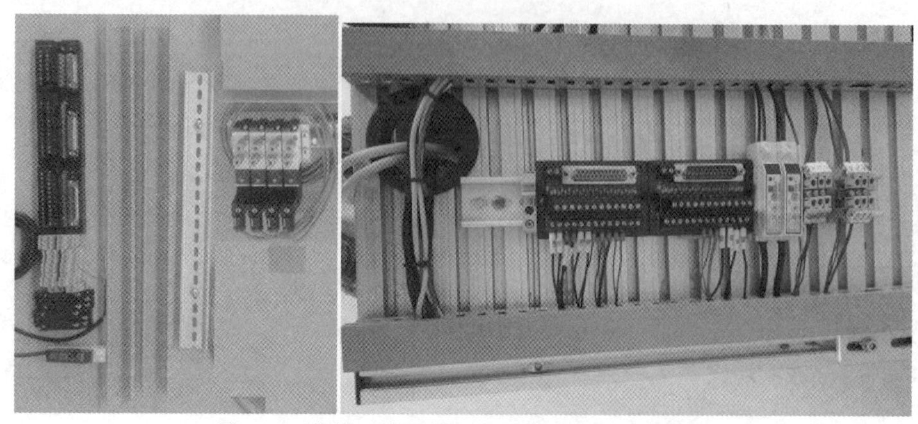

图 3-19 线槽、端子排及光纤传感器安装效果图

电磁阀分别控制测量垂直气缸、测量水平气缸、手臂升降气缸和手抓气缸的动作，气管连接如图 3-20 所示。

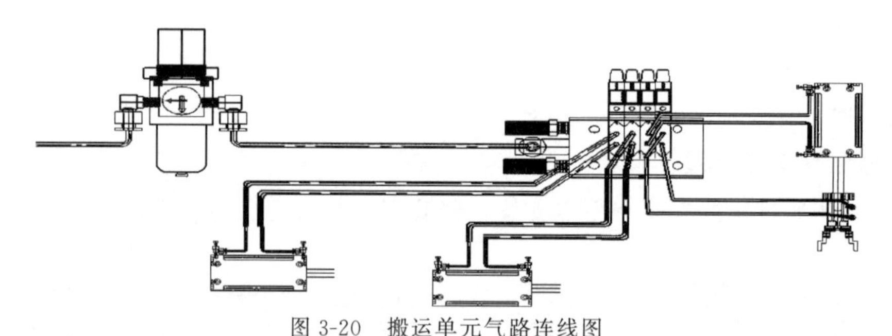

图 3-20 搬运单元气路连线图

2. 安装步骤

① 按照搬运单元气动控制回路安装连接图所示的连接关系，依次用气管将气泵气源输出快速接头与过滤减压阀的气源输入快速接头连接。

② 过滤减压阀的气源输出快速接头与 CP 阀岛上汇流板气源输入的快速接头连接。

③ 将汇流板上的控制测量垂直气缸、测量水平气缸、手臂升降气缸和手指气缸的电磁阀上的快速接头分别用气管连接到这些气缸节流阀的快速接头上。

3. 安装注意事项

① 一个电磁阀的两根气管连接至一个气缸的两个端口，不能一个电磁阀交叉连接至两个气缸，或两个电磁阀连接至一个气缸。

② 接入气管时插入节流阀的气孔后确保不能拉出即可，而且保证不能漏气。

③ 拔出气管时先要用左手按下节流阀气孔上的伸缩件，右手用小力轻轻拔出即可，切不可直接用力强行拔出，否则会损坏节流阀内部的锁扣环。

④ 连接气路时最好进、出气管用两种不同颜色的气管来连接，方便识别。

⑤ 气管的连接做到走线整齐、美观，尼龙绑扎距离保持在 4～5cm 为宜。

⑥ 气路连接效果如图 3-21 所示。

三、搬运单元的电气线路设计及连接

搬运单元的电路安装分为供电、面板、平台端子排等部分。

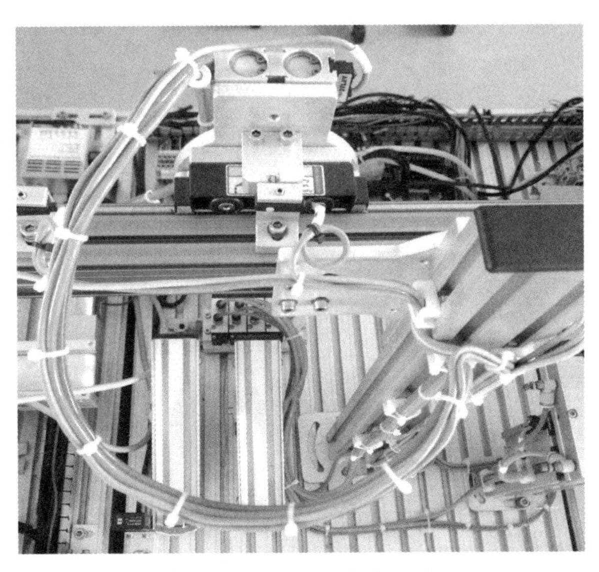

图 3-21 气路连接效果图

1. 搬运单元电路的供电部分

搬运单元电路的供电部分由电源引入插座、3芯插座、断路器、开关电源、PLC等组成，其原理如图3-22所示。

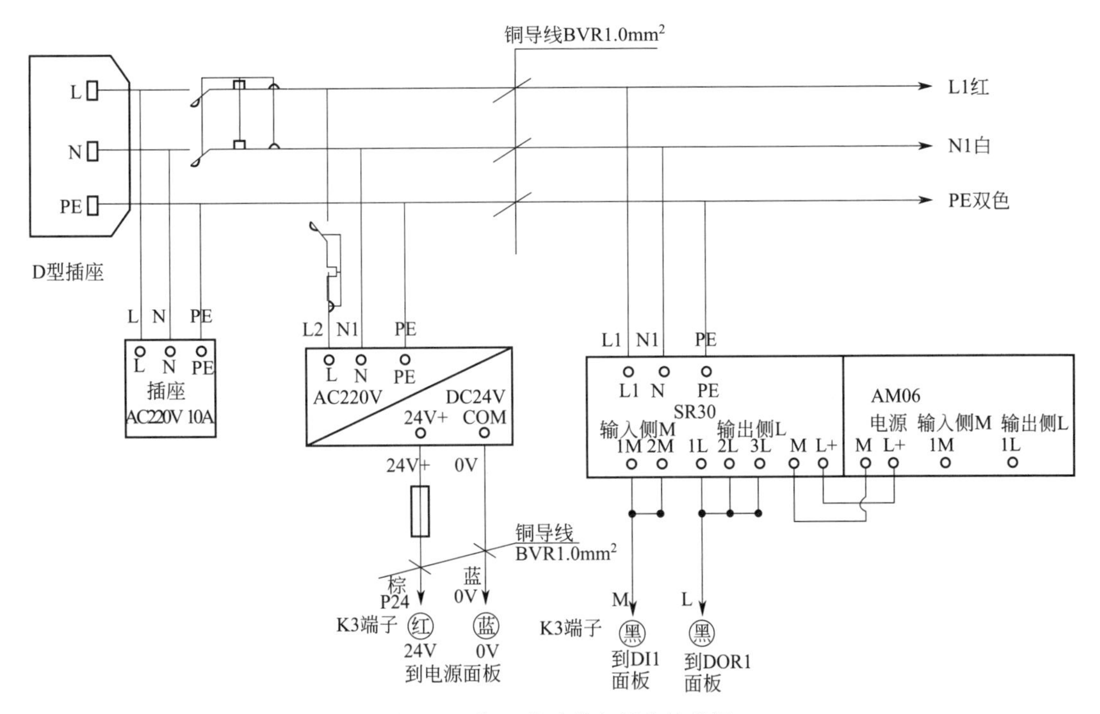

图 3-22 搬运单元供电部分接线图

2. 搬运单元电路PLC的I/O连接

PLC的I/O端口分别连接DB25母口和公口连接件，接线如图3-23所示。

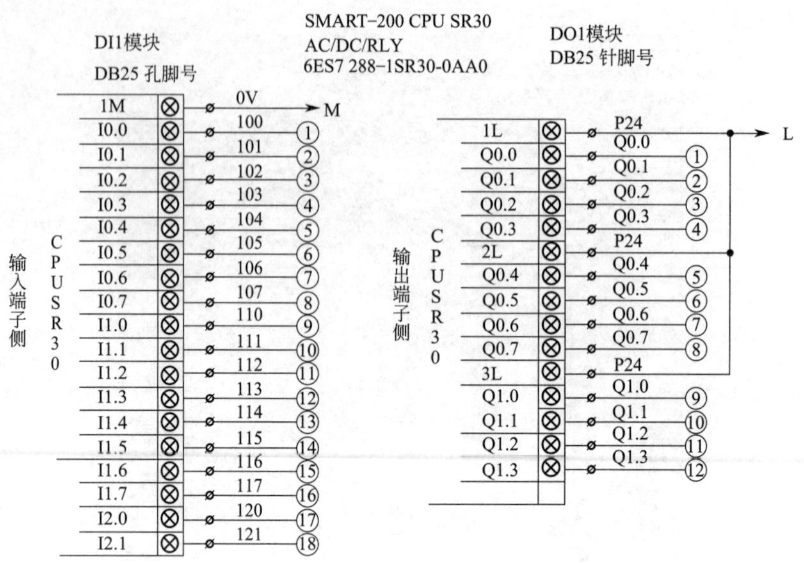

图 3-23　搬运单元的 PLC 的 I/O 接线图

3. 搬运单元电路的面板部分

搬运单元电路的操作面板由带灯按钮开关、带灯旋钮开关、带灯急停开关等组成，其面板布置如图 3-24 所示，电路连接如图 3-25 所示。

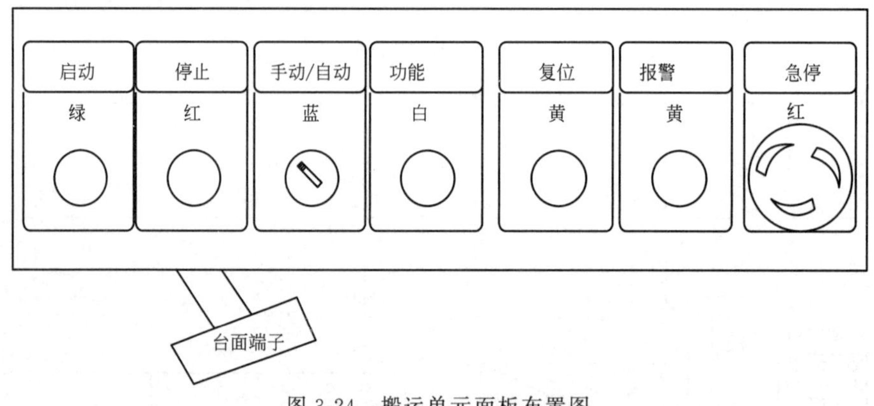

图 3-24　搬运单元面板布置图

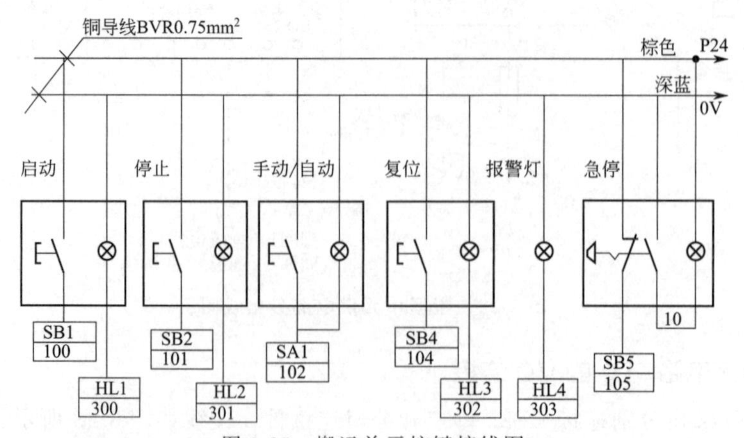

图 3-25　搬运单元按键接线图

4. 搬运单元电路的平台部分

搬运单元电路的平台部分由DB25连接件转接端子、端子排、传感器、电磁阀等元件组成，其元件位置及线路连接如图3-26～图3-28所示。

图3-26　平台端子排位置图

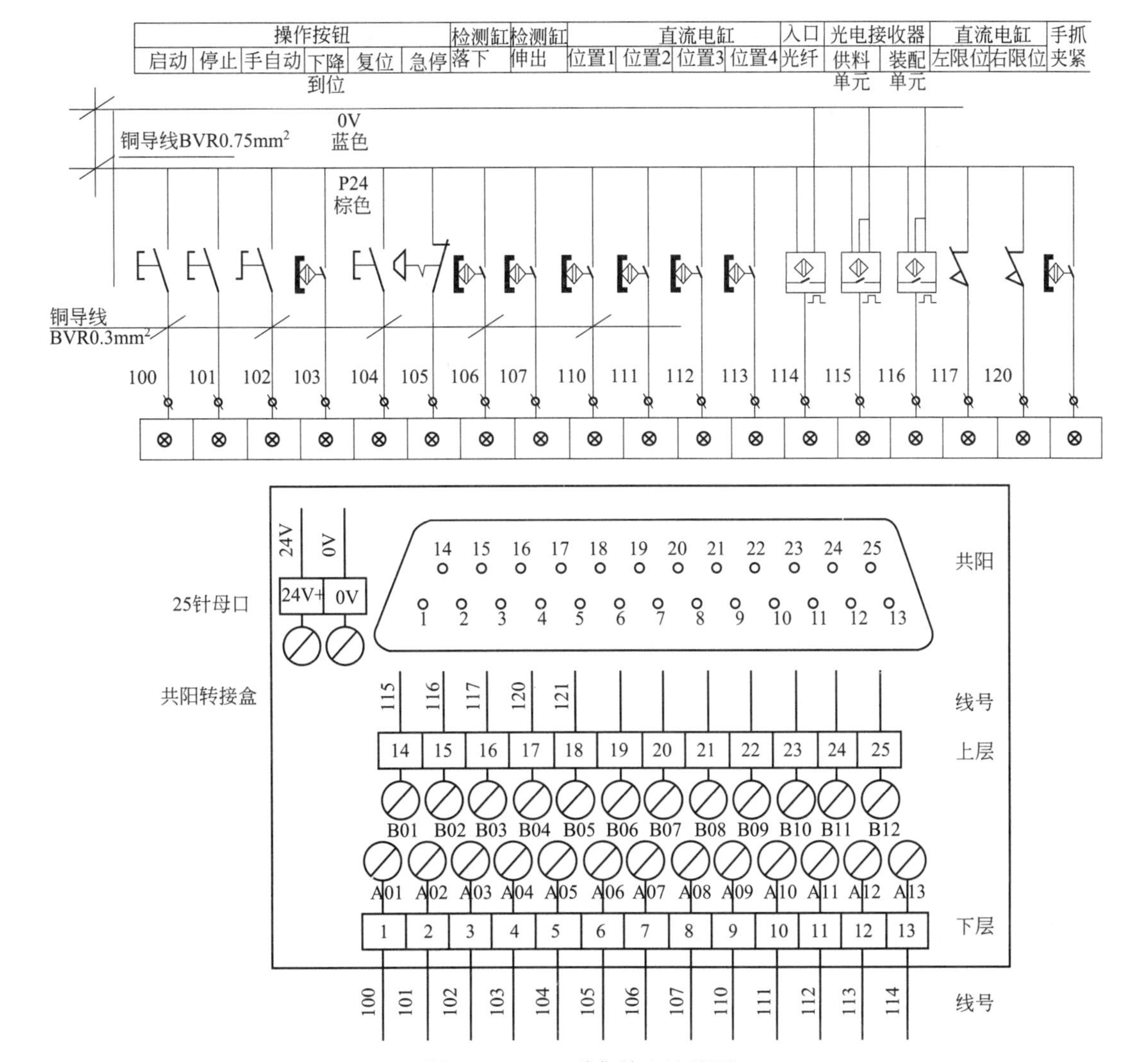

图3-27　PLC采集输入连线图

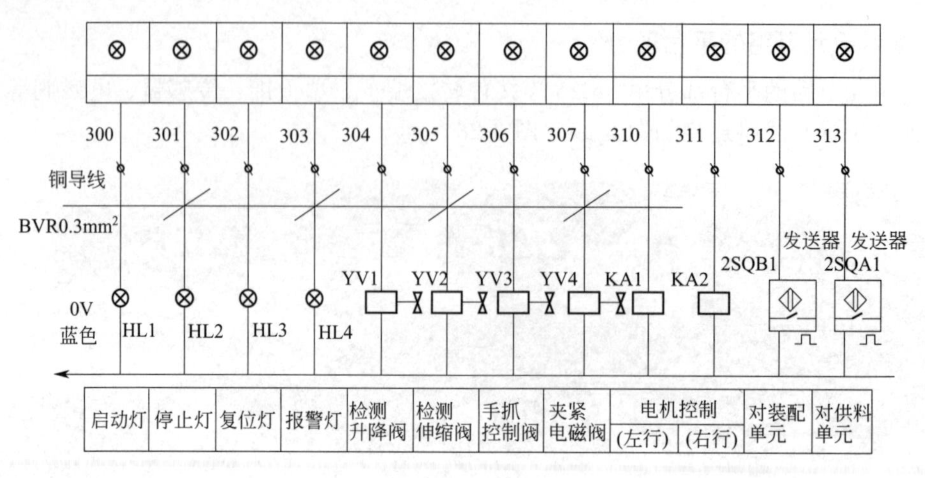

25针公口共阳转接盒

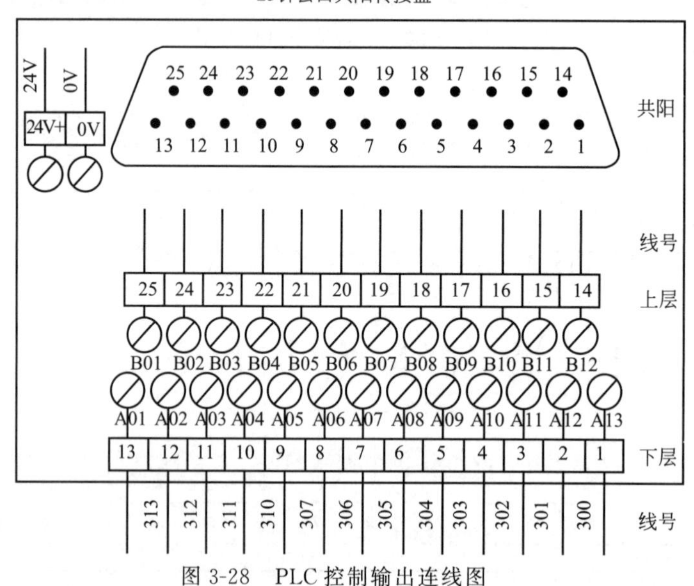

图 3-28 PLC 控制输出连线图

5. 搬运单元电路的直流电动机控制电路

图 3-29 为直流电动机控制电路。

6. 电路安装要求及注意事项

① 按图纸要求选择导线线径、颜色。

② 导线的长度合适。

③ 导线端子压接不露铜，无毛刺。

④ 导线在线槽内排列整齐。

⑤ 不能入线槽的导线要用扎绳绑扎，且用固定块固定到平台上，效果如图 3-30 所示。

四、搬运单元的硬件调试

① 机械：不能松动、运行顺畅。

② 气路：连接正确，运行平稳。

③ 逐个检查 I/O 接口是否正确。

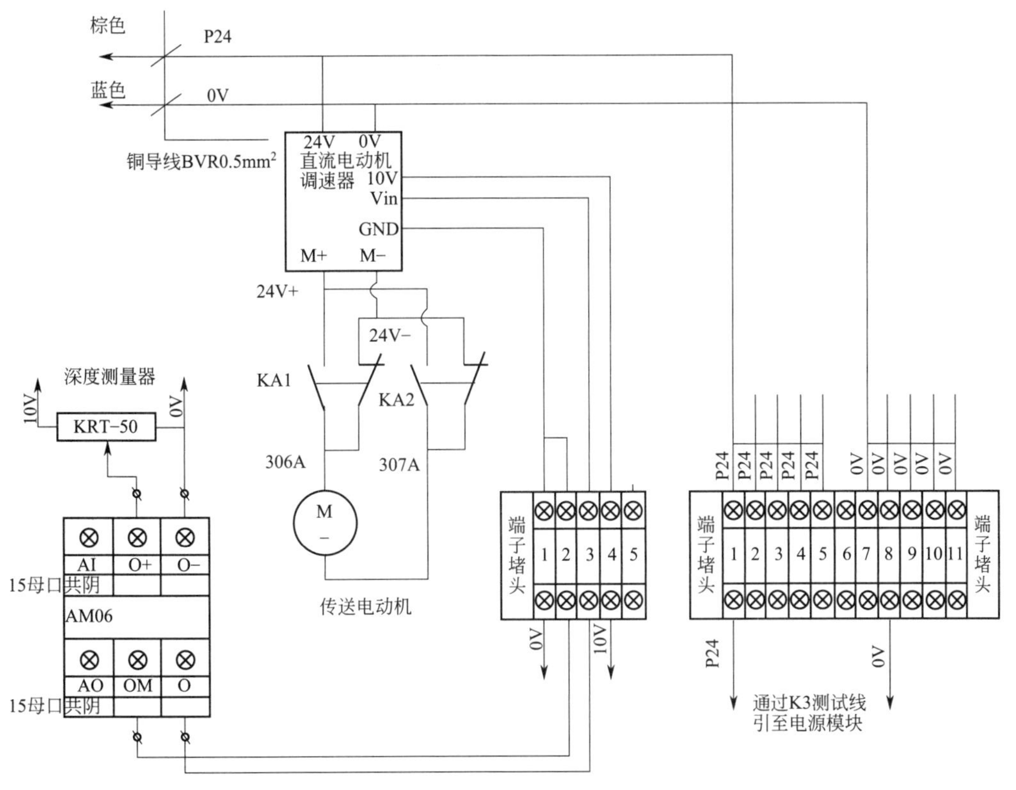

图 3-29 直流电动机控制电路

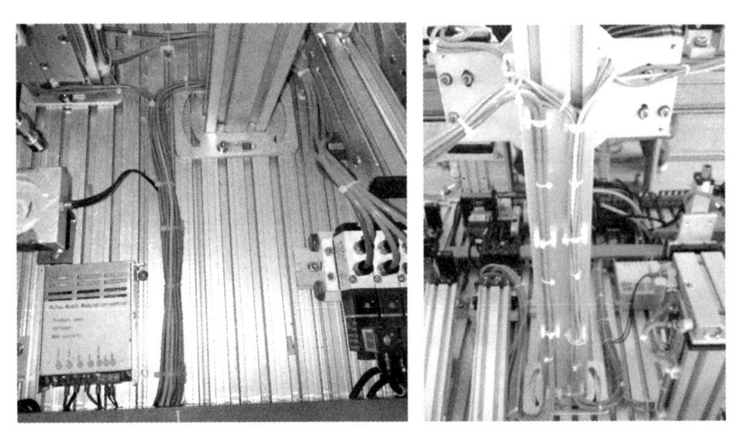

图 3-30 导线绑扎效果图

五、搬运单元的软件设计及调试

1. PLC 的 I/O 分配

PLC 的 I/O 分配见表 3-1。

表 3-1 PLC 的 I/O 分配表

序号	I/O 地址	设备符号	设备名称	设备功能
1	I0.0	SB1	绿色带灯按钮	启动
2	I0.1	SB2	红色带灯按钮	停止

续表

序号	I/O 地址	设备符号	设备名称	设备功能
3	I0.2	SA	带灯旋钮	手动/自动切换开关
4	I0.3	SB3	磁性开关(白色按钮)	手臂气缸落下(功能)
5	I0.4	SB4	黄色带灯按钮	复位
6	I0.5	SB5	红色带灯复位按钮	急停
7	I0.6	1B1	磁性开关	检测垂直气缸落下
8	I0.7	2B1	磁性开关	检测水平气缸伸出
9	I1.0	3B1	磁性开关	直线模组位置 1
10	I1.1	3B2	磁性开关	直线模组位置 2
11	I1.2	3B3	磁性开关	直线模组位置 3
12	I1.3	3B4	磁性开关	直线模组位置 4
13	I1.4	4B1	光纤传感器	入口工件检测
14	I1.5	2SQB1	光电接收器	对应供料单元光电发射器
15	I1.6	2SQB2	光电接收器	对应装配单元光电发射器
16	I1.7	SQ1	微动开关	直线模组左限位
17	I2.1	SQ2	微动开关	直线模组右限位
18	I2.1	7B1	磁性开关	手指抓紧
19	AI0.0	RP1	直线位移传感器	测量工件凹槽深度
20	AI0.1			
21	Q0.0	HL1	指示灯	运行指示
22	Q0.1	HL2	指示灯	停止指示
23	Q0.2	HL3	指示灯	复位指示
24	Q0.3	HL4	指示灯	报警指示
25	Q0.4	YV1	电磁阀	检测垂直气缸
26	Q0.5	YV2	电磁阀	检测水平气缸
27	Q0.6	YV3	电磁阀	手臂升降气缸
28	Q0.7	YV4	电磁阀	手指抓物气缸
29	Q1.0	KA1	继电器	机械手左移
30	Q1.1	KA2	继电器	机械手右移
31	Q1.2	2SQA2	光电发射器	对应装配单元光电接收器
32	Q1.3	2SQA1	光电发射器	对应供料单元光电接收器
33	AO0.0		直流电动机调速器	直流电动机速度给定
34	AO0.1			

2. 程序流程图

主程序流程图见图 3-31。

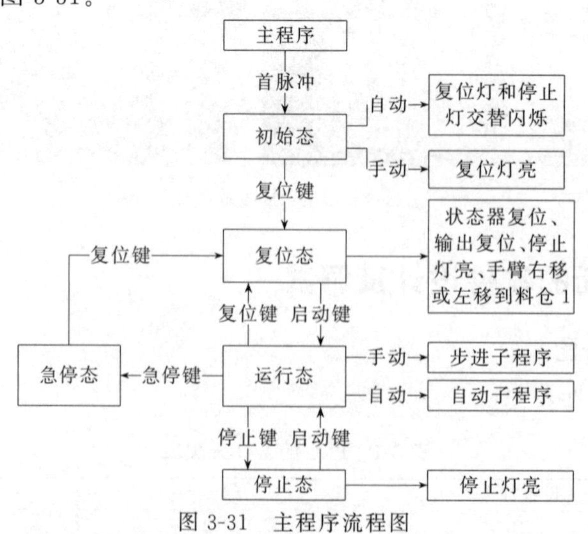

图 3-31 主程序流程图

步进和自动运行子程序流程图见图 3-32。

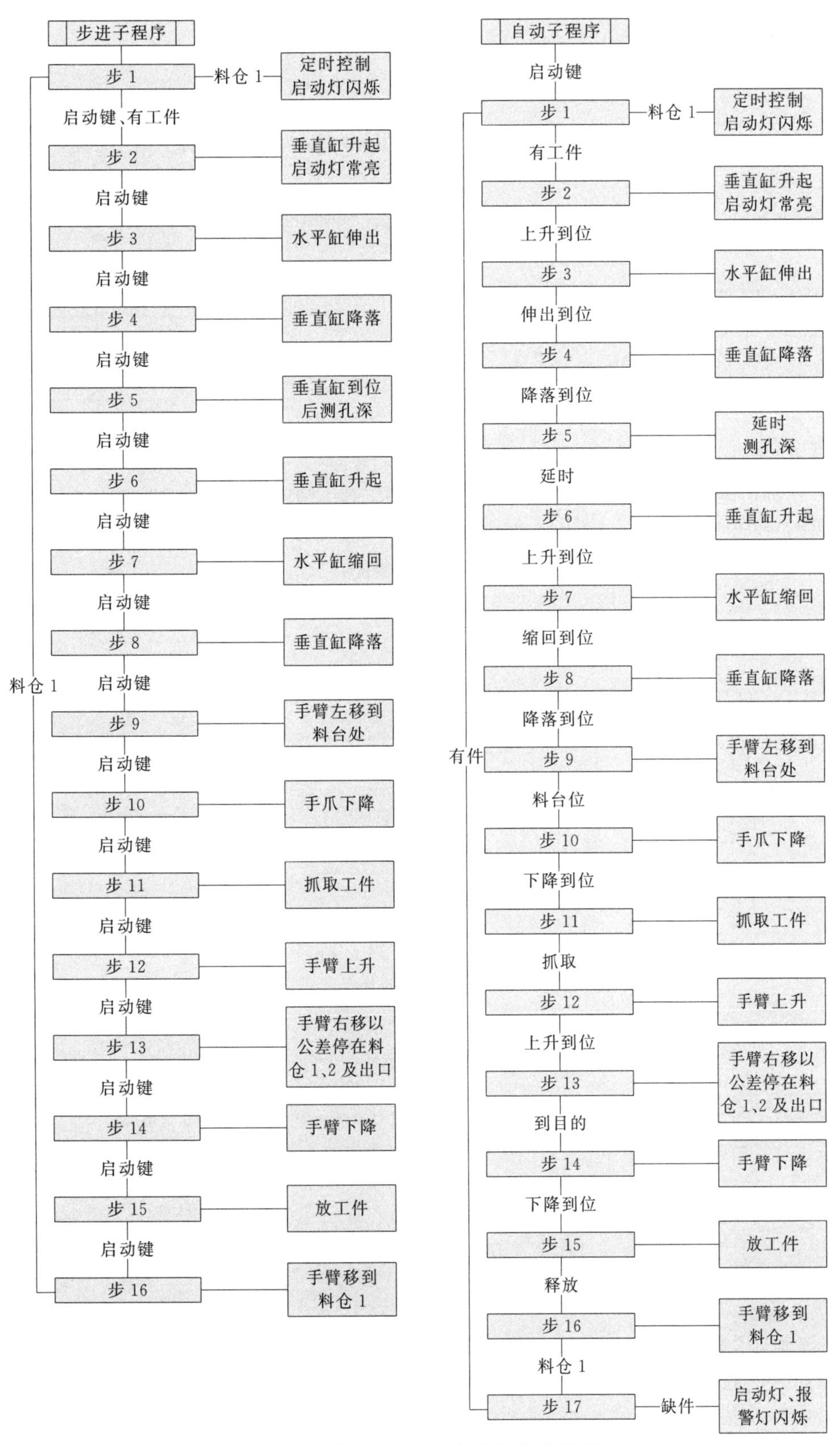

图3-32 步进和自动运行子程序流程图

3. 梯形图程序

（1）主程序

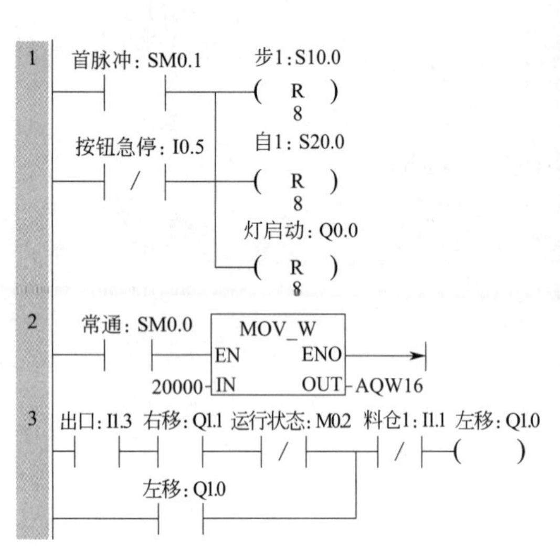

4
按钮复位:I0.4 料仓1:I1.1 左移:Q1.0 出口:I1.3 右移:Q1.1
右移:Q1.1

5
复位灯1:M1.1 按钮复位:I0.4 料仓1:I1.1 停止灯2:M1.5
停止灯2:M1.5

6
首脉冲:SM0.1 按钮手自动:I0.2 按钮复位:I0.4 复位状态:M0.0
复位状态:M0.0 按钮手自动:I0.2 按钮复位:I0.4 复位灯1:M1.1
复位灯1:M1.1

7
复位状态:M0.0 复位延时1:T38 复位灯2:M1.2
复位延时1:T38 停止灯:M1.0

8
复位状态:M0.0 复位延时2:T39 复位延时1:T38
IN TON
5 PT 100ms
复位延时1:T38 复位延时2:T39
IN TON
5 PT 100ms

9
按钮启动:I0.0 复位状态:M0.0 急停态:M0.7 按钮停止:I0.1 运行状态:M0.2
运行状态:M0.2

10
按钮手自动:I0.2 运行状态:M0.2
自动1
EN
自动2
EN

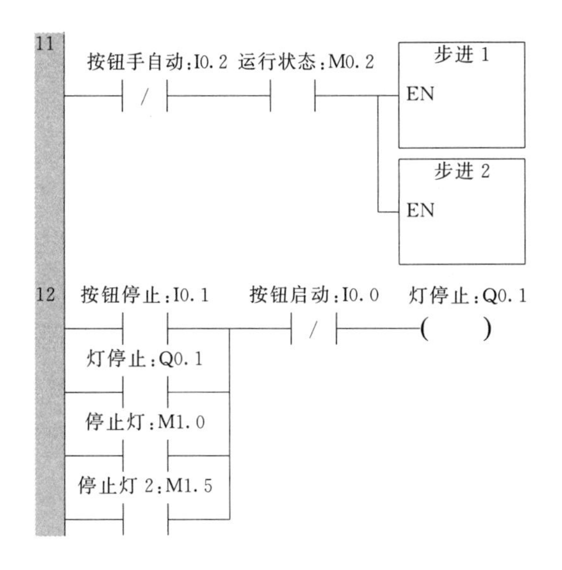

13
复位灯 1:M1.1
灯复位:Q0.2
复位灯 2:M1.2
14
急停
按钮复位:I0.4
急停态:M0.7
急停态:M0.7
左移:Q1.0
R
1
右移:Q1.1
R
1

(2) 步进子程序

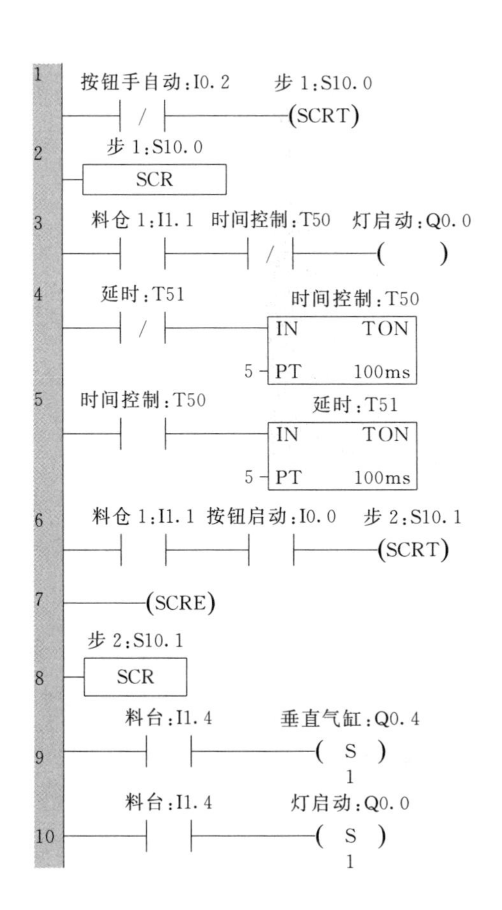

11
按钮启动:I0.0
步 3:S10.2
(SCRT)
12
(SCRE)
步 3:S10.2
13
SCR
常通:SM0.0
水平气缸:Q0.5
14
S
1
15
水平缸出:I0.7
按钮启动:I0.0
步 4:S10.3
(SCRT)
16
(SCRE)
步 4:S10.3
17
SCR
常通:SM0.0
垂直气缸:Q0.4
18
R
1
19
垂直缸落下:I0.6
按钮启动:I0.0
步 5:S10.4
(SCRT)
MOV_W
EN
ENO
IN
OUT
测量值:VW100
20
读取数据:AIW0
(SCRE)

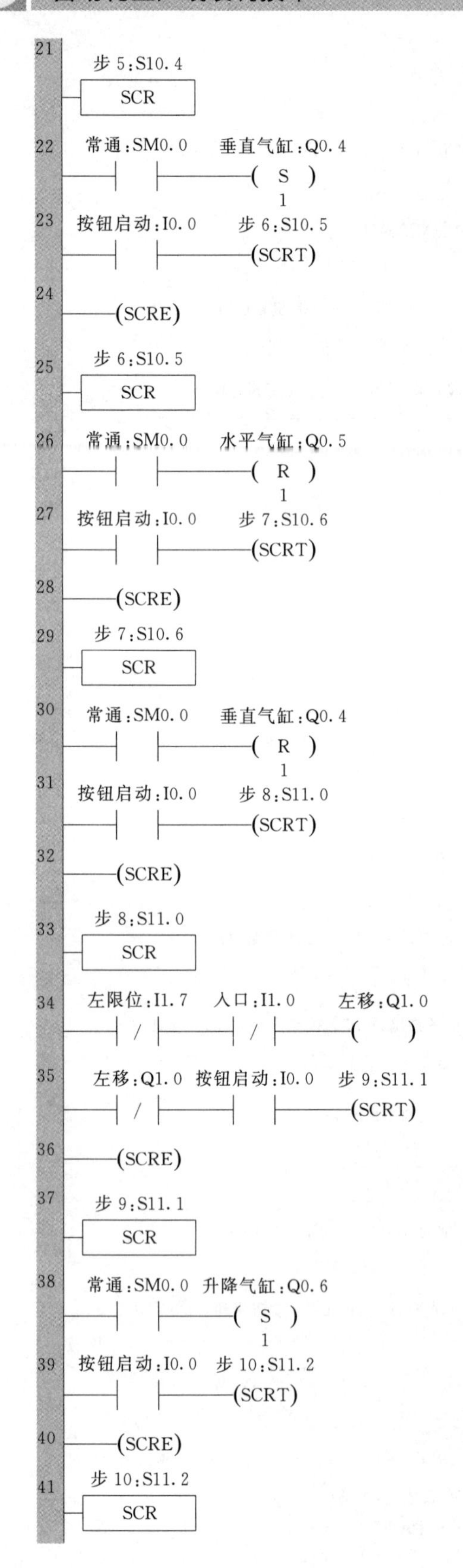
21
步 5:S10.4
SCR
22
常通:SM0.0
垂直气缸:Q0.4
S
1
23
按钮启动:I0.0
步 6:S10.5
SCRT
24
SCRE
25
步 6:S10.5
SCR
26
常通:SM0.0
水平气缸:Q0.5
R
1
27
按钮启动:I0.0
步 7:S10.6
SCRT
28
SCRE
29
步 7:S10.6
SCR
30
常通:SM0.0
垂直气缸:Q0.4
R
1
31
按钮启动:I0.0
步 8:S11.0
SCRT
32
SCRE
33
步 8:S11.0
SCR
34
左限位:I1.7
入口:I1.0
左移:Q1.0
35
左移:Q1.0
按钮启动:I0.0
步 9:S11.1
SCRT
36
SCRE
37
步 9:S11.1
SCR
38
常通:SM0.0
升降气缸:Q0.6
S
1
39
按钮启动:I0.0
步 10:S11.2
SCRT
40
SCRE
41
步 10:S11.2
SCR

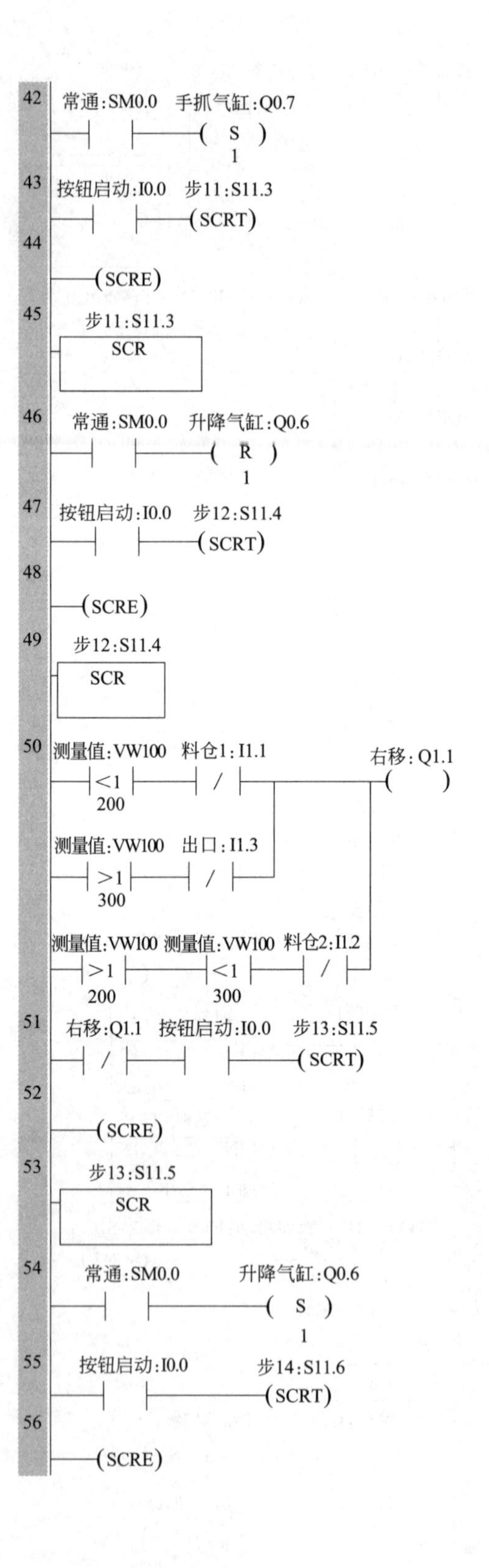
42
常通:SM0.0
手抓气缸:Q0.7
S
1
43
按钮启动:I0.0
步11:S11.3
SCRT
44
SCRE
45
步11:S11.3
SCR
46
常通:SM0.0
升降气缸:Q0.6
R
1
47
按钮启动:I0.0
步12:S11.4
SCRT
48
SCRE
49
步12:S11.4
SCR
50
测量值:VW100
料仓1:I1.1
右移:Q1.1
<I
200
测量值:VW100
出口:I1.3
>I
300
测量值:VW100
测量值:VW100
料仓2:I1.2
>I
200
<I
300
51
右移:Q1.1
按钮启动:I0.0
步13:S11.5
SCRT
52
SCRE
53
步13:S11.5
SCR
54
常通:SM0.0
升降气缸:Q0.6
S
1
55
按钮启动:I0.0
步14:S11.6
SCRT
56
SCRE

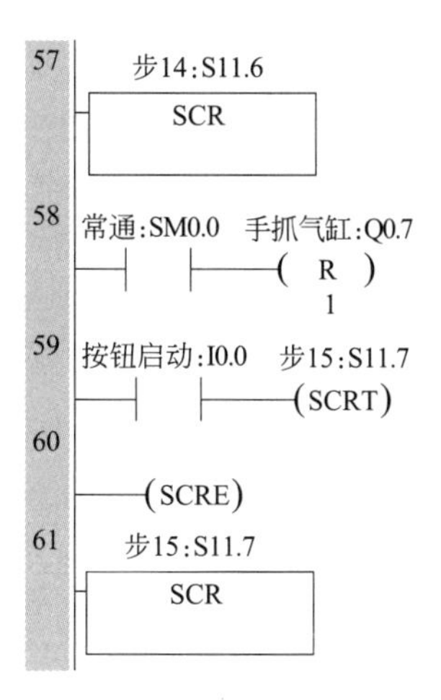
57
步14:S11.6
SCR
58
常通:SM0.0
手抓气缸:Q0.7
R
1
59
按钮启动:I0.0
步15:S11.7
SCRT
60
SCRE
61
步15:S11.7
SCR
62
常通:SM0.0
升降气缸:Q0.6
R
1
63
按钮启动:I0.0
步16:S12.0
SCRT
64
SCRE
步16:S12.0
65
SCR
料仓1:I1.1
左移:Q1.0
66
料仓1:I1.1
步1:S10.0
67
SCRT
灯启动:Q0.0
68
SCRE
R
1

(3) 自动子程序

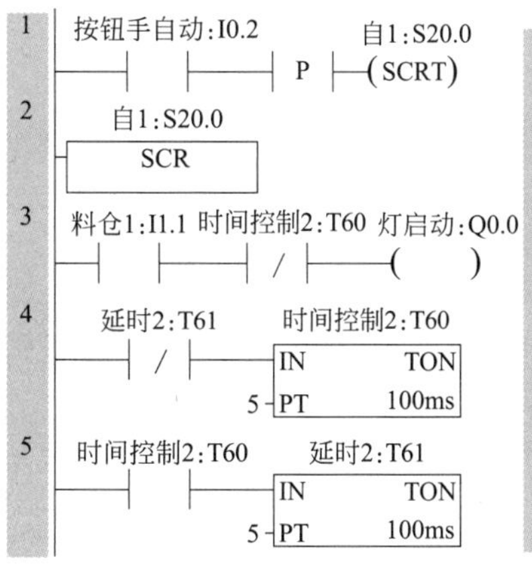
1
按钮手自动:I0.2
自1:S20.0
P
SCRT
2
自1:S20.0
SCR
3
料仓1:I1.1
时间控制2:T60
灯启动:Q0.0
4
延时2:T61
时间控制2:T60
IN
TON
5
PT
100ms
5
时间控制2:T60
延时2:T61
IN
TON
5
PT
100ms

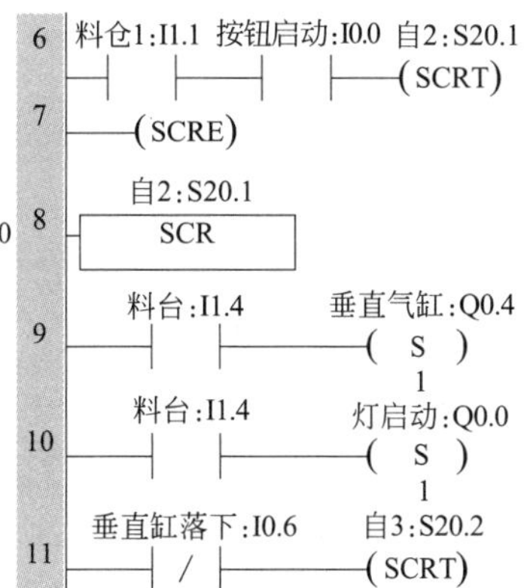
6
料仓1:I1.1
按钮启动:I0.0
自2:S20.1
SCRT
7
SCRE
8
自2:S20.1
SCR
9
料台:I1.4
垂直气缸:Q0.4
S
1
10
料台:I1.4
灯启动:Q0.0
S
1
11
垂直缸落下:I0.6
自3:S20.2
SCRT

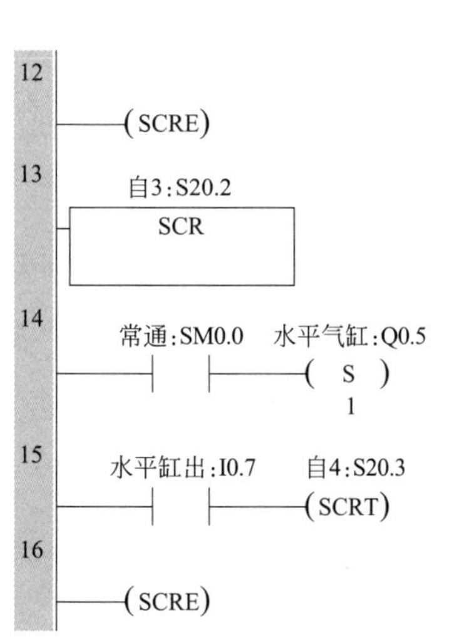
12
SCRE
13
自3:S20.2
SCR
14
常通:SM0.0
水平气缸:Q0.5
S
1
15
水平缸出:I0.7
自4:S20.3
SCRT
16
SCRE

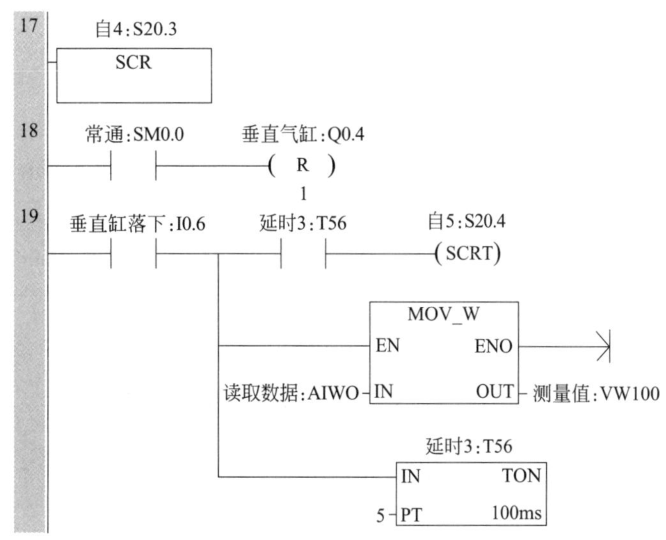
17
自4:S20.3
SCR
18
常通:SM0.0
垂直气缸:Q0.4
R
1
19
垂直缸落下:I0.6
延时3:T56
自5:S20.4
SCRT
MOV_W
EN
ENO
读取数据:AIW0
IN
OUT
测量值:VW100
延时3:T56
IN
TON
5
PT
100ms

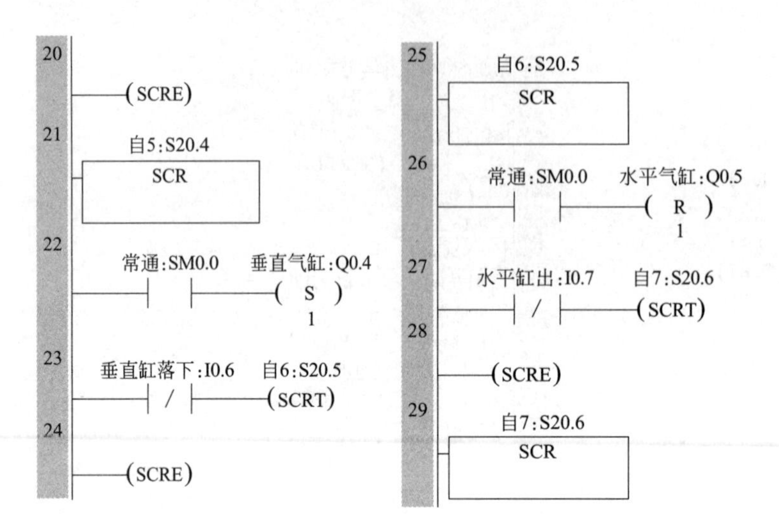
20
SCRE
21
自5:S20.4
SCR
22
常通:SM0.0
垂直气缸:Q0.4
S
1
23
垂直缸落下:I0.6
自6:S20.5
SCRT
24
SCRE
25
自6:S20.5
SCR
26
常通:SM0.0
水平气缸:Q0.5
R
1
27
水平缸出:I0.7
自7:S20.6
SCRT
28
SCRE
29
自7:S20.6
SCR

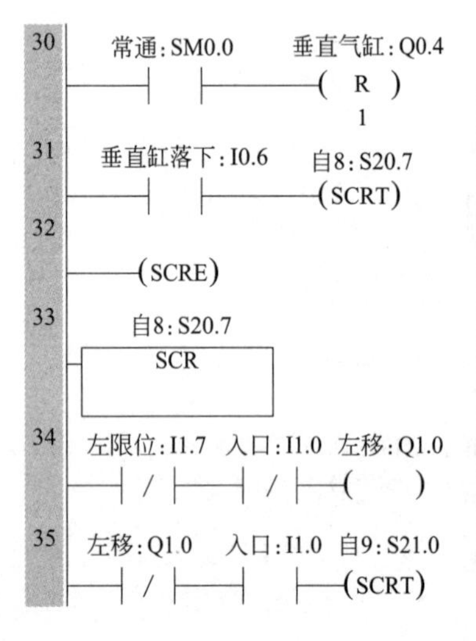
30
常通:SM0.0
垂直气缸:Q0.4
R
1
31
垂直缸落下:I0.6
自8:S20.7
SCRT
32
SCRE
33
自8:S20.7
SCR
34
左限位:I1.7
入口:I1.0
左移:Q1.0
35
左移:Q1.0
入口:I1.0
自9:S21.0
SCRT

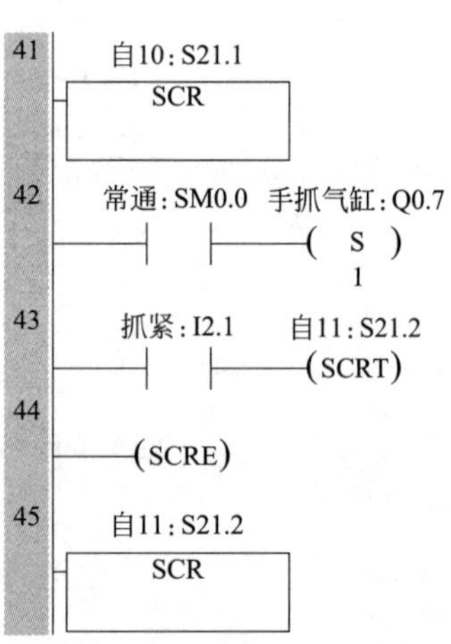
41
自10:S21.1
SCR
42
常通:SM0.0
手抓气缸:Q0.7
S
1
43
抓紧:I2.1
自11:S21.2
SCRT
44
SCRE
45
自11:S21.2
SCR

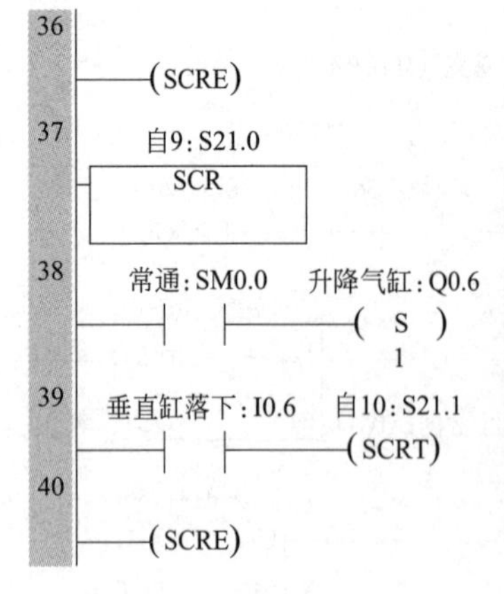
36
SCRE
37
自9:S21.0
SCR
38
常通:SM0.0
升降气缸:Q0.6
S
1
39
垂直缸落下:I0.6
自10:S21.1
SCRT
40
SCRE

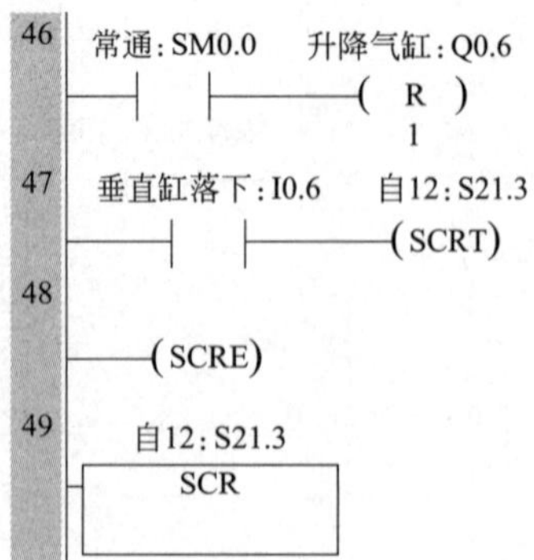
46
常通:SM0.0
升降气缸:Q0.6
R
1
47
垂直缸落下:I0.6
自12:S21.3
SCRT
48
SCRE
49
自12:S21.3
SCR

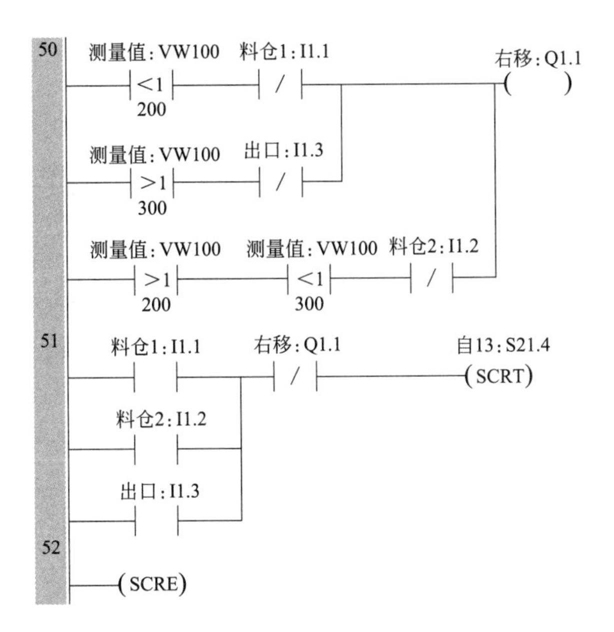

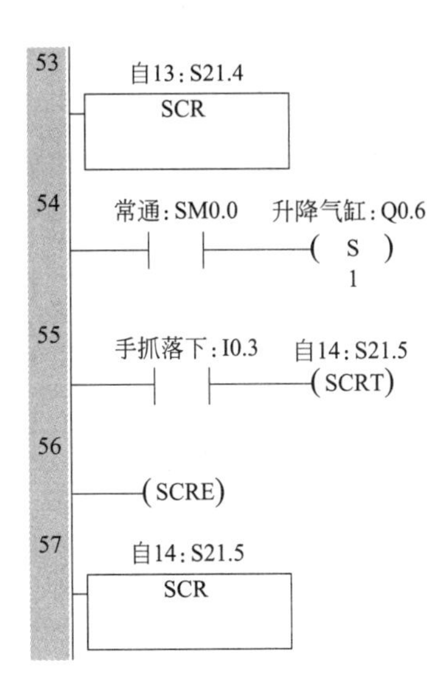

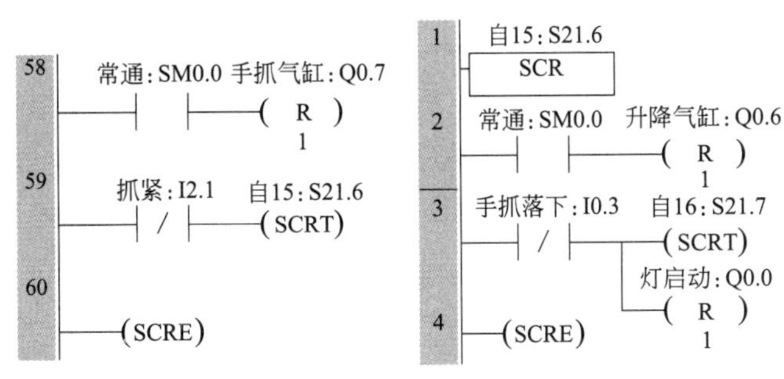

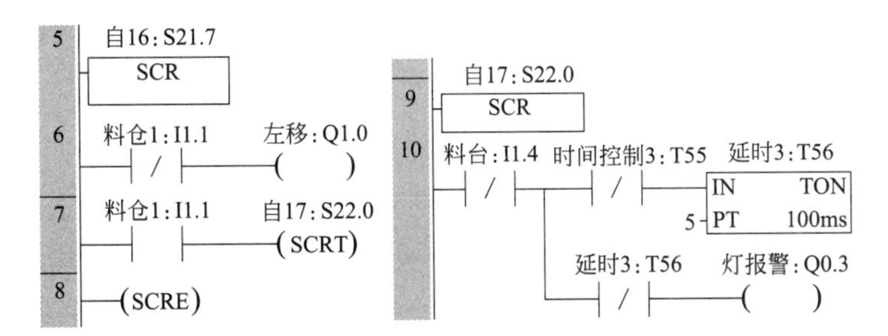

11 延时3:T56 时间控制3:T55
IN TON
5 PT 100ms
灯启动:Q0.0
料台:I1.4 自1:S20.0
12 (SCRT)
13 (SCRE)

4. 程序调试

先用逻辑仿真器调试程序，程序运行正确后再用设备调试。

项目评价

项目评价见表3-2。

表3-2 项目评价表

评价内容		分值	评分标准	得分
安装	机械安装	20	零部件牢固，松动一处扣2分 衔接处衔接不顺畅，每处扣3分	
	气路安装	10	要整齐、美观、规范	
	线路安装	20	导线连接错误，每处扣3分 电源线和信号线不区分扣2分 导线绑扎不整齐，每处扣2分	
软件编写	程序编写	5	规范、合理，错误一处扣1分	
	程序下载	5	不能下载到PLC内扣5分	
	功能调试	30	功能不全，缺一处扣5分	
安全文明操作	遵守安全文明操作规程	10	违反安全操作规程，酌情扣3～10分	

拓展练习

① 熟悉搬运单元工艺流程，调整零部件安装位置，改变工件传递方向，工件由右端放入，向左方传递。

② 熟悉S7-200 SMART软件，根据搬运单元工艺流程，采用置位、复位指令编写供料单元控制程序，使设备正常运行。

③ 把搬运单元和供料单元连在一起形成一条小型自动线，完成设备的安装及程序，使之能进行一批工件的自动分拣。

④ 总结搬运单元的安装及调试过程，完成实训报告。

项目四

DLDS-500AR 模块化柔性生产线的装配单元

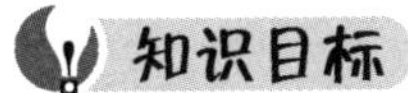

知识目标

① 熟悉装配单元的基本结构和工作过程；

② 掌握传感器技术、气动技术的工作原理及在装配单元中的应用；

③ 掌握装配单元的气路和电路原理；

④ 掌握装配单元的控制程序。

技能目标

① 正确安装、调试装配单元的机械零部件和气动元件；

② 正确安装、调试装配单元的各种传感器；

③ 正确连接装配单元的气路、电路；

④ 根据装配单元的工作流程编写及调试 PLC 控制程序。

项目描述

DLDS-500AR 模块化柔性生产线的装配单元，由工件传送装置、工件阻挡装置、配块分拣装置、配块提取装置、工件颜色和材质区分装置、电气控制板、操作面板、I/O 转接端口模块、气源等部分组成。

装配单元的主要作用是上一单元传来的工件，经过传感器的检测区分出工件的颜色和材质，在挡料气缸处等待，配块颜色和材质经过 1 号传输皮带和 2 号传输皮带上的传感器分辨出来，经过伸出气缸和真空吸盘放到工件上部的凹槽内，完成工件装配，装配的工件经皮带传送装置输送到下一单元。

认真分析装配单元的机构组成及工作原理，安装、调整装配单元各部分，并根据如下控制流程设计控制程序，完成设备的动作功能。

装配单元的控制流程如下：

1. 准备过程

① 断开PLC与编程设备的连接，关闭PLC电源，关闭气源，清除工作单元上的所有工件，同时设备不处于初始位置，切换旋钮处于自动位置，二联件压力设定为5bar。

② 打开电源，打开气源（在教师允许后）。

③ 工件传送装置停止；工件阻挡装置气缸缩回；配块提取装置水平气缸缩回，垂直气缸升起；配块筛选装置停止；复位灯闪烁，闪烁频率为1Hz。

2. 手动调试过程（旋钮打到手动位置）

① 复位灯闪烁。

② 按一下复位按钮。

③ 当料板收回时，升降气缸升起，双轴伸缩气缸缩回，复位灯灭，启动灯闪烁。

④ 将配块放置到配块分拣装置皮带上，工件放在装配单元工件输送皮带上，检测到有工件启动灯闪烁。

⑤ 按一下启动按钮：启动灯常亮；工件阻挡装置气缸伸出，工件阻挡板伸出；输送皮带运转，工件碰到阻挡板停止待装配。

⑥ 按一下启动按钮：配块分拣装置皮带运转，选择配块；检测到合适的配块后，分拣皮带停止。

⑦ 按一下启动按钮：分拣皮带反向运转，把需要的配块传送到配块提取处，分拣皮带停止。

⑧ 按一下启动按钮：配块提取装置水平气缸伸出。

⑨ 按一下启动按钮：配块提取装置垂直气缸下降。

⑩ 按一下启动按钮：配块提取装置吸取配块。

⑪ 按一下启动按钮：配块提取装置垂直气缸上升。

⑫ 按一下启动按钮：配块提取装置水平气缸缩回。

⑬ 按一下启动按钮：配块提取装置垂直气缸下降。

⑭ 按一下启动按钮：配块提取装置释放配块。

⑮ 按一下启动按钮：配块提取装置垂直气缸上升。

⑯ 按一下启动按钮：工件阻挡装置气缸缩回，工件阻挡板收回，工件运送到下一单元。

3. 自动调试过程（旋钮打到自动位置，自动灯亮；传送带上有工件后，启动灯闪烁）

① 按一下启动按钮：工件阻挡装置气缸伸出，阻挡板伸出；传送带运转，其上有工件时，启动灯常亮。

② 传送带上方的传感器检测出工件的材质或颜色后，启动配块分拣装置，皮带正向运行。

③ 配块分拣装置检测到合适的配块后，分拣装置皮带反向运行。

④ 配块到达提取处时，分拣装置皮带停止运行。

⑤ 配块提取装置水平气缸伸出。

⑥ 配块提取装置水平气缸伸出到位后，垂直气缸下降。

⑦ 配块提取装置垂直气缸下降到位后，启动真空吸盘，吸取配块。

⑧ 配块吸牢后，配块提取装置垂直气缸上升。

⑨ 配块提取装置垂直气缸上升到位后，水平气缸缩回。

⑩ 水平气缸缩回到位后，垂直气缸下降。

⑪ 关闭真空吸盘，释放配块到工件上的凹槽内。

⑫ 配块提取装置垂直气缸上升。

⑬ 配块提取装置垂直气缸上升到位后，工件阻挡装置气缸缩回，阻挡板收回，完成装配的工件传送到下一单元。

⑭ 启动灯闪烁。

⑮ 工件传送带上无工件时，启动灯和报警灯交替闪烁，表示缺料；有工件后报警灯灭，执行步骤①～⑮。

⑯ 按下停止按钮，完成一次搬运过程后停止，停止灯亮，启动灯灭。

⑰ 按下急停按钮，立即停止当前的动作，按下复位按钮后才能重新开始。

项目分析

对装配单元，首先熟悉资料原理，然后动手操作，需完成任务及操作步骤如下：

① 熟悉装配单元的基本结构和工作原理；

② 熟悉装配单元的机械部件构成，并进行机械安装；

③ 掌握装配单元气动元件的应用及气路原理，并进行气路安装；

④ 理解装配单元的电气原理，进行线路连接；

⑤ 能对装配单元的各动作机构手动调试；

⑥ 进行装配单元的PLC程序设计及调试。

知识准备

一、装配单元的组成

装配单元的组成包括工件传送装置、阻挡装置、配块分拣装置、配块提取装置、PLC控制电路、接线端子、电磁阀组等，如图4-1所示。

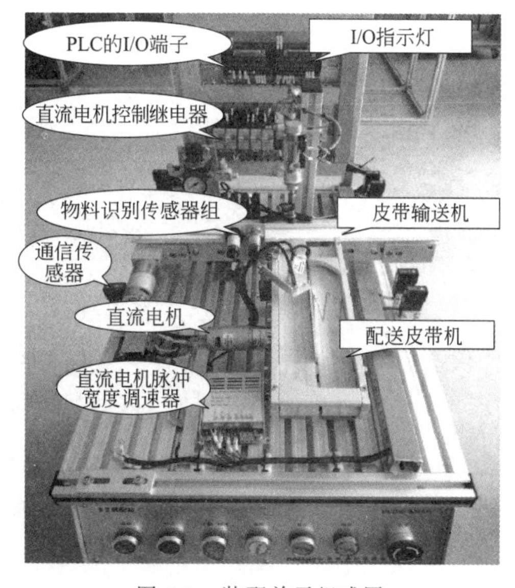

图4-1 装配单元组成图

1. 工件传送装置

有一套皮带传送装置，皮带由直流电动机驱动；装置中部装有电容式、电感式及光电式三种传感器，中后部装有阻挡装置，组成如图4-2所示。

2. 配块分拣装置

配块分拣装置由两套并排在一起的皮带传送装置和电容式、电感式及光纤传感器等部分组成。皮带由直流电动机驱动，可正反双向运转，且速度可调；电容式、电感式及光纤传感器安装在一块板上，组成配块检测区；配块待提取处安装 1 只光纤传感器，发出分拣到配块的信号，组成如图 4-3 所示。

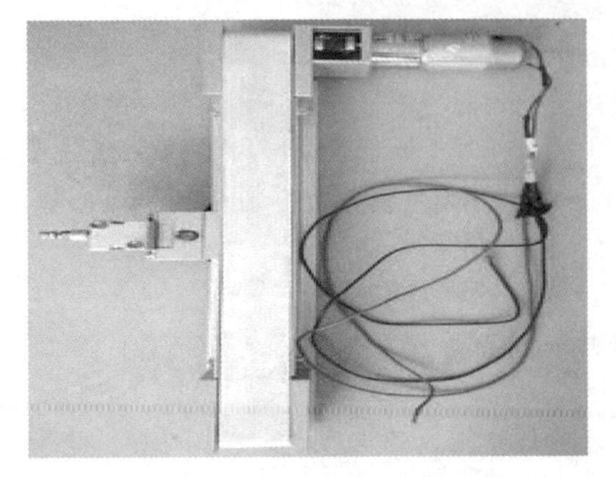
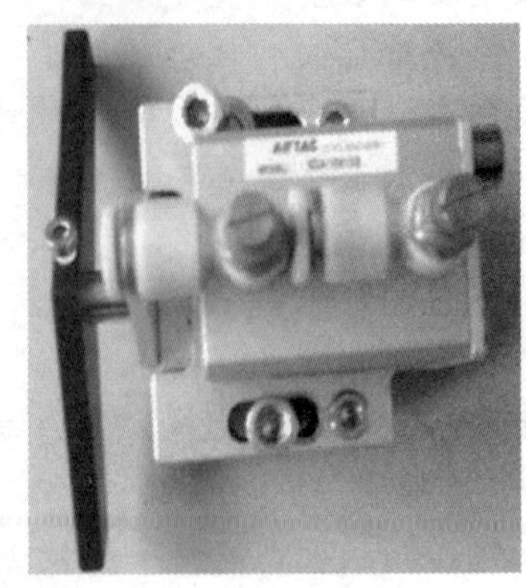

图 4-2 传送装置组成图

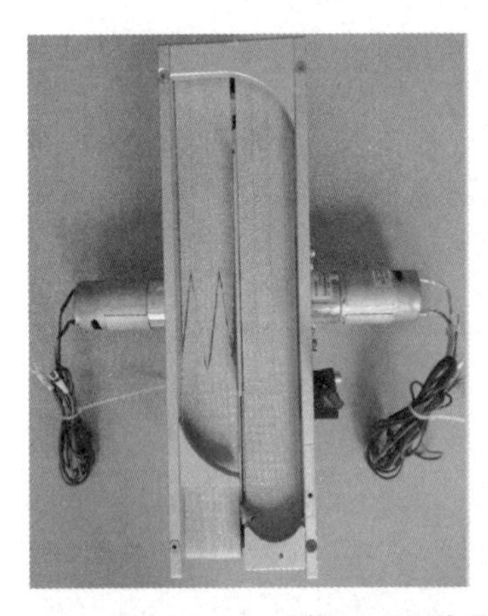
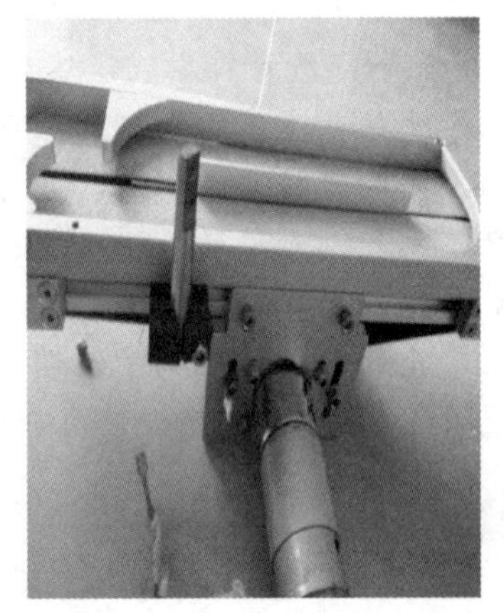

图 4-3 配快分拣装置组成图

3. 配块提取装置

装置由双轴气缸、直线气缸、真空吸盘、磁性开关等器件组成，如图 4-4 所示。

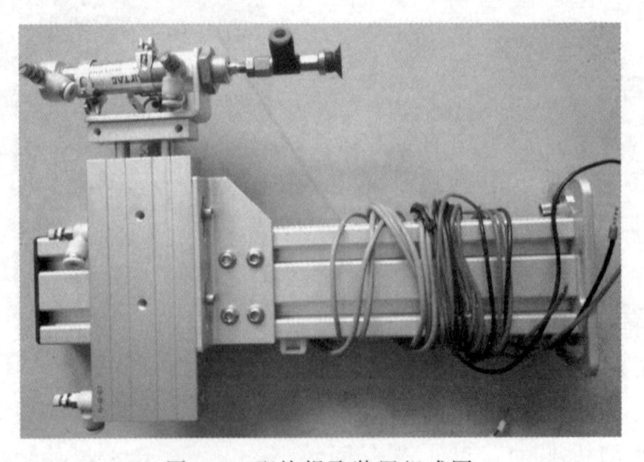

图 4-4 配块提取装置组成图

二、装配单元的功能

装配单元的功能：工件经过传感器的检测，区分出工件的颜色和材质，经阻挡板阻挡，停留在装配处；配块分拣装置运转，挑选出合适的配块，运送至提取处；配块提取装置通过真空吸盘提取配块，放入工件上部凹槽内，完成工件装配；装配后的工件经皮带传送装置输送到下一单元；工艺流程如图 4-5 所示。

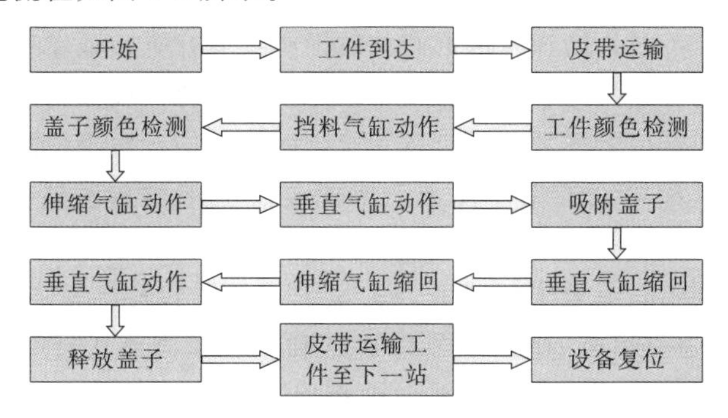

图 4-5　装配单元工艺流程图

三、装配单元的基本原理

装配单元皮带传送装置入口安装 1 只光纤传感器，用以检测工件到达；中部装有电容式、电感式及光电传感器，用以区分工件的材质（金属或塑料）及颜色（黑色或白色）；传送装置中后部装有阻挡装置，气缸动作，阻挡板伸出，使工件停留在皮带上等待装配。

配块分拣装置有两套并排在一起的皮带运转装置，配置电感、光纤传感器。两条皮带由直流电动机驱动，可正反双向运转，且速度可调。两条皮带正向运转，使配块循环运转，经过电感、光纤传感器，分析配块的材质及颜色，挑选到同质的配块；皮带再反向运行，使选中的配块运动到提取处。提取处装有光纤传感器，可检测到配块到达。

配块提取装置装有真空吸盘，由真空吸盘提取配块，通过薄型双轴气缸及直线气缸的运动，将配块提送到工件上，放到工件的凹槽内，完成装配动作。

工件装配完毕，阻挡装置的阻挡板缩回，工件继续传送，转向下一单元。

四、传感器在装配单元中的应用

搬运单元用到光纤、光电、电容式、电感式传感器，部分安装如图 4-6 所示。

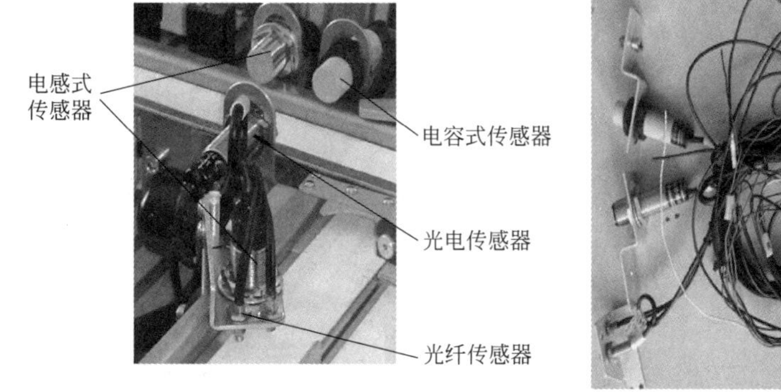

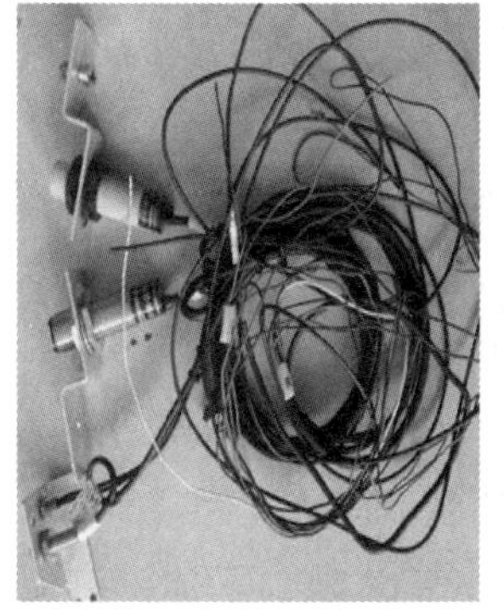
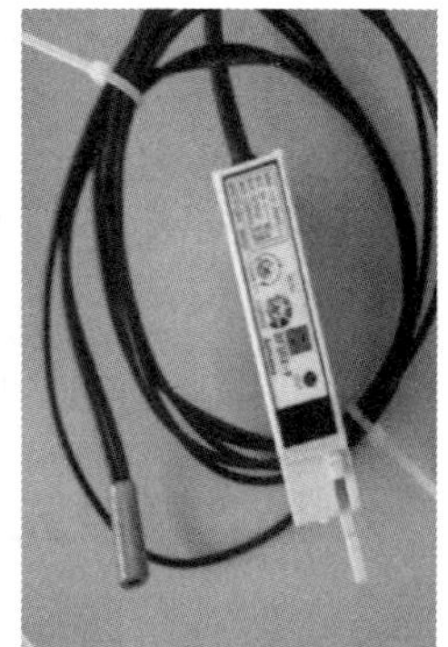

图 4-6　装配单元中的部分传感器

光纤传感器：装配单元配置 4 只光纤传感器，分别安装于工件皮带和配块皮带上方，用于检测是/否有工件、配块到达，或区别配块深/浅颜色。

漫反射式光电传感器：漫反射式光电接近开关的光发射器和光接收器集于一体，利用光照射到被测物体上反射回来的光线而进行工作，工作原理如图 4-7 所示。装配单元的工件皮带上方安装 1 只光电传感器，用于检测并使反光较好的浅色工件通过。

电容式传感器：利用自身的测量头构成电容器的一个极板，被检测物体构成另一个极板，当物体靠近接近开关时，物体与接近开关的极距或者介电常数发生变化，引起静电容量发生变化，使得和测量头连接的电路状态也相应地发生变化，并输出开关信号；一般应用在一些尘埃多、易接触到有机溶剂及需要较高性价比的场合中。由于检测内容的多样性，使其得到更广泛的应用。装配单元的工件皮带上方安装 1 只电容传感器，用于检测有/无工件通过。

电感式传感器：利用涡流效应制成的开关量输出位置传感器，主要由放大处理电路和 LC 高频振荡器组成，器件组成如图 4-8 所示。它利用金属物体在接近时能使其内部产生电涡流的原理，使得接近开关振荡能力衰减，内部电路的参数发生变化，进而控制开关的通断。由于电感式接近开关对金属与非金属的筛选性能好，工作稳定可靠，抗干扰能力强，因此在现代工业检测中也得到广泛应用。装配单元配置 2 只电感式传感器，分别安装于工件皮带和配块皮带上方，用于检测是/否有金属工件、配块到达。

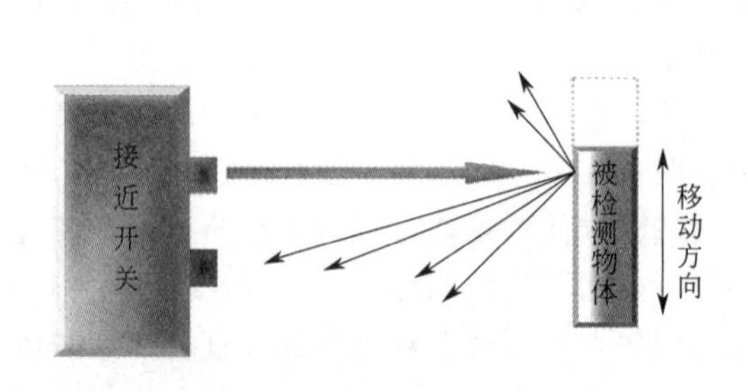

图 4-7 漫反射式光电接近开关工作原理图

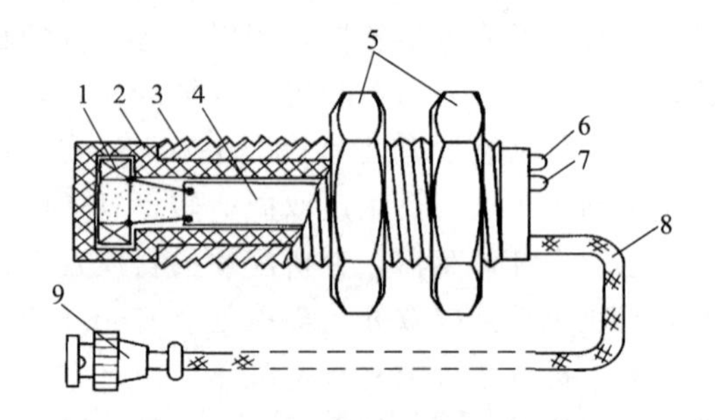

图 4-8 电感式传感器组成图

1—电涡流线圈；2—探头壳体；3—壳体上的位置调节螺纹；4—印制线路板；5—夹持螺母；6—电源指示灯；7—阈值指示灯；8—输出屏蔽电缆线；9—电缆插头

磁性开关：装配单元配置 6 只磁性开关，分别安装于阻挡气缸、真空吸盘伸缩及升降气缸外侧，用于检测气缸活塞位置。

五、气动元件在装配单元中的应用

装配单元中用到的气动元件主要有：双作用薄型双杆、单杆气缸，双作用直线气缸，负压发生器，真空吸盘，节流阀，电磁阀，气动二联体，如图 4-9 所示。

六、装配单元的气路原理

装配单元的气路部分由气动二联体、汇流板、电磁阀、节流阀、真空发生器、真空吸盘、气缸等组成，原理如图 4-10 所示。

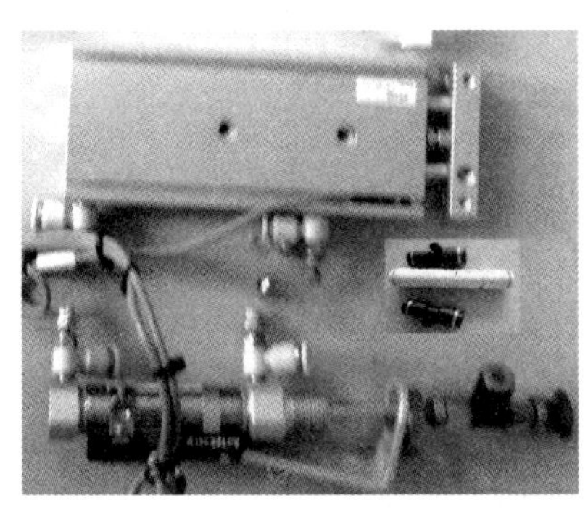

图 4-9 装配单元需要的气动元件

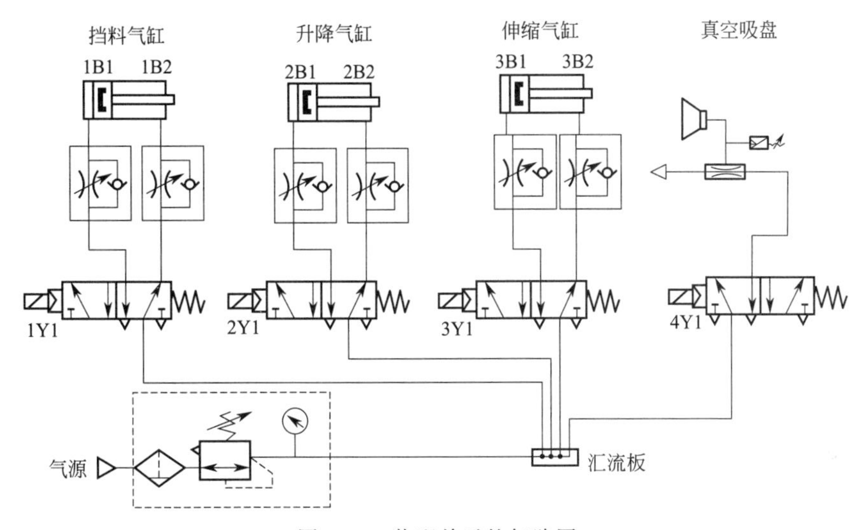

图 4-10 装配单元的气路图

七、装配单元的电路

装配单元的控制电路由PLC主机、直流电动机、直流电机调速器、电磁阀、传感器、开关电源、断路器等组成，原理如图4-11所示。

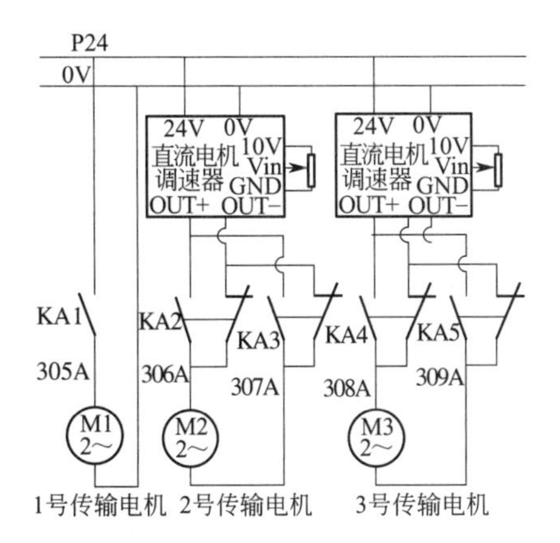

图 4-11

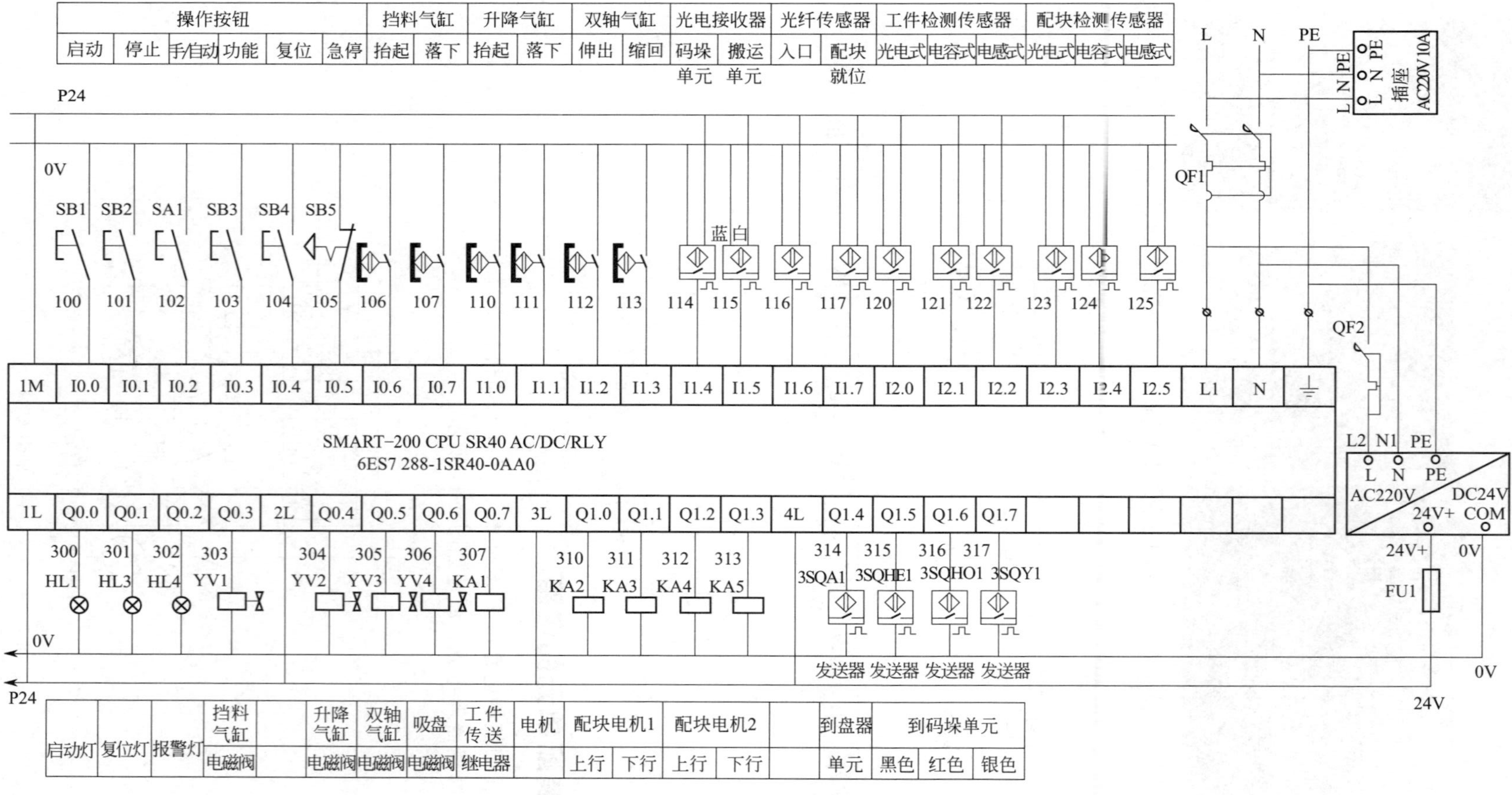

图 4-11 装配单元电气原理图

任务实施

一、装配单元的机械安装

搬运单元由工件传送装置、配块筛选装置、配块提取装置等部件组成，其在平台上的位置如图 4-12 所示。

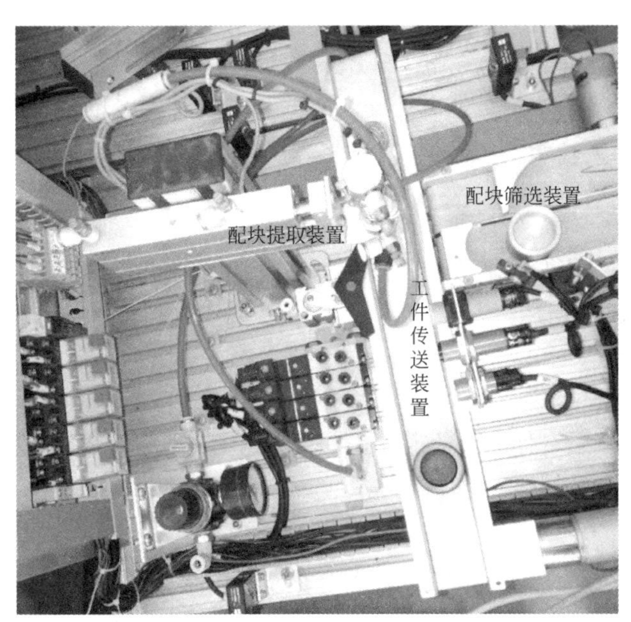

图 4-12 装配单元机械部件安装位置示意图

1. 工件传送装置的安装

(1) 零部件核查

工件传送装置主要零部件：骨架型材 1 件，左右护板组件各 1 套，主动轴 1 件，从动轴 3 件，传送带 1 条，直流电动机 1 台，电动机固定支架 1 套，联轴器 1 件，双轴气缸 1 只，平台支架 2 件，阻挡模组 1 套，如图 4-13 所示。

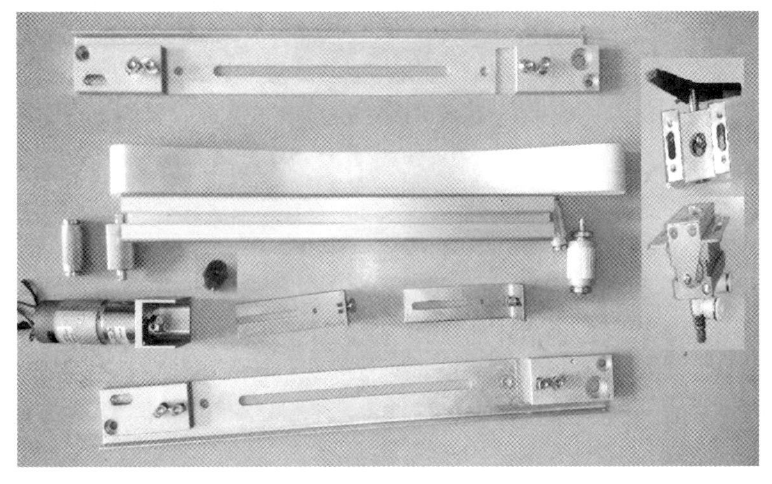

图 4-13 工件传送装置零部件组成图

(2) 安装步骤与调整

① 组装左、右护板；

② 取骨架型材和一侧护板连接；

③ 主动、从动轴安装到上块护板上；

④ 传送带套接到传送轴外部；

⑤ 取另一侧护板，安装到上述部件上，并调整安装位置，使传送轴及传送带运转灵活；

⑥ 电动机固定支架安装到电动机上；

⑦ 电动机组件安装到运转组件上，先放置联轴器，再固定电机组件，注意应使联轴器运转灵活，不受侧向力；

⑧ 安装平台支架；

⑨ 组装阻挡部件，注意使传动部件运动灵活；

⑩ 阻挡部件安装到皮带传送骨架上。

2. 配块筛选装置的安装

(1) 零部件核查

配块筛选装置主要零部件：骨架型材 2 件，左、中、右护板组件各 1 套，主动轮 2 件，从动轴 4 件，皮带张紧轴 2 件，传送带 2 条，直流电动机 2 台，电动机固定支架 2 套，平台支架 4 件，导向板 1 套，如图 4-14 所示。

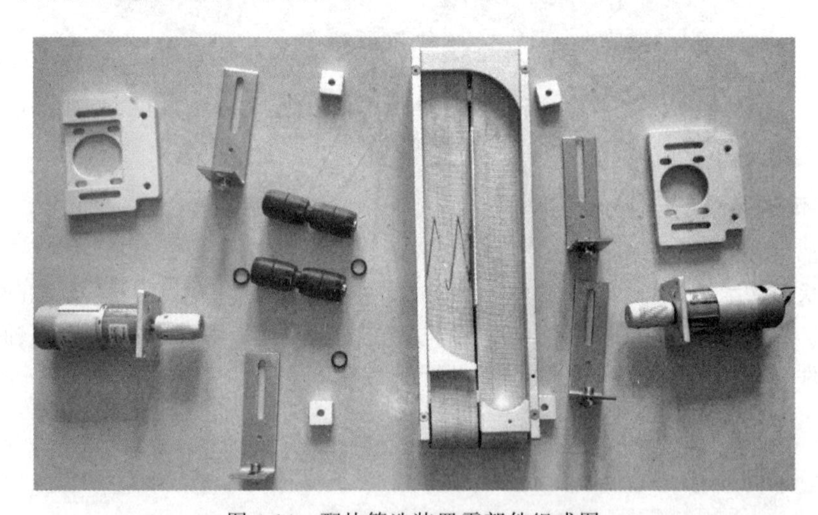

图 4-14 配块筛选装置零部件组成图

(2) 安装步骤与调整

① 组装左、中、右护板；

② 取骨架型材和中护板连接；

③ 取 1 套从动轴安装到中护板上；

④ 取 1 条传送带套接到传送轴外部；

⑤ 取一侧护板，安装到上述部件上，并调整安装位置，使传送轴及传送带运转灵活；

⑥ 取另 1 套从动轴安装到中护板上；

⑦ 取另 1 条传送带套接到传送轴外部；

⑧ 取另一侧护板，安装到上述部件上，并调整安装位置，使传送轴及传送带运转灵活；

⑨ 电动机大固定支架安装到骨架上；

⑩ 电动机内支架安装到电动机上；

⑪ 主动轮安装到电动机上；

⑫ 电动机组件安装到大固定支架上；

⑬ 安装张紧轮，使皮带拉紧；

⑭ 安装平台支架到平台上；

⑮ 整体安装到平台上。

3. 配块提取装置的安装

(1) 零部件核查

配块提取装置主要零部件：平台支架1副，双作用薄型双轴气缸1只，双作用直线气缸1只，固定支架2套，真空吸盘1套，如图4-15所示。

图4-15 配块提取装置零部件组成图

(2) 安装步骤与调整

① 气缸支架固定到双作用薄型双轴气缸上；

② 双作用薄型双轴气缸安装到平台支架上；

③ 气缸支架固定到双作用直线气缸上；

④ 双作用直线气缸固定到双作用薄型双轴气缸上；

⑤ 真空吸盘安装到双作用直线气缸上；

⑥ 安装平台支架到平台上。

4. 气路二联体的安装

气路二联体通过连接支架和固定支架安装到装配单元台面上的边缘、电器板内侧，安装效果如图4-16所示。

5. 电磁阀组的安装

电磁阀组安装在工件传送装置和电器板之间，和配块提取装置对齐，效果如图4-17所示。

6. 电器元件的安装

端子排、继电器和光纤传感器等安装在一块电器板上，安装效果如图4-18所示。

图 4-16 二联体安装效果图

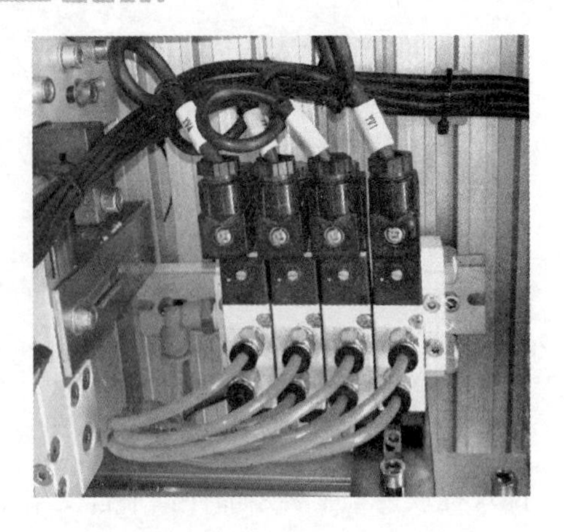

图 4-17 电磁阀组安装效果图

图 4-18 线槽、端子排、继电器及光纤传感器安装效果图

二、装配单元的气路安装

1. 安装方法

由图 4-10 所示装配单元的气路原理可知，气源接入电磁阀组汇流板的进气口，四个电磁阀分别控制阻挡气缸、升降气缸、伸缩气缸和真空吸盘的动作，气管连接如图 4-19 所示。

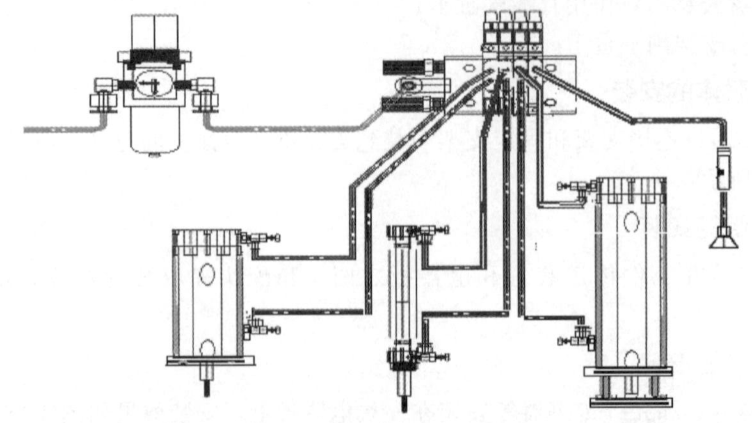

图 4-19 装配单元气路连线图

2. 安装步骤

① 按照装配单元气动控制回路安装连接图所示的连接关系，依次用气管将气泵气源输出快速接头与过滤减压阀的气源输入快速接头连接；

② 过滤减压阀的气源输出快速接头与 CP 阀岛上汇流板气源输入的快速接头连接；

③ 将汇流板上的控制阻挡气缸、升降气缸、伸缩气缸和真空吸盘的电磁阀上的快速接头分别用气管连接到这些气缸节流阀的快速接头或真空发生器接头上。

3. 安装注意事项

① 一个电磁阀的两根气管连接至一个气缸的两个端口，不能一个电磁阀交叉连接至两个气缸，或两个电磁阀连接至一个气缸。

② 接入气管时插入节流阀的气孔后确保不能拉出即可，而且应保证不能漏气。

③ 拔出气管时先要用左手按下节流阀气孔上的伸缩件，右手用小力轻轻拔出即可，切不可直接用力强行拔出，否则会损坏节流阀内部的锁扣环。

④ 连接气路时最好进、出气管用两种不同颜色的气管来连接，方便识别。

⑤ 气管的连接做到走线整齐、美观，尼龙绑扎距离保持在 4～5cm 为宜。

⑥ 气路连接效果如图 4-20 所示。

图 4-20 气路连接效果图

三、装配单元的电气线路设计及连接

装配单元的电路安装分为供电、面板、平台端子排等部分。

1. 装配单元电路的供电部分

装配单元电路的供电部分由电源引入插座、3 芯插座、断路器、开关电源、PLC 等组成，其原理如图 4-21 所示。

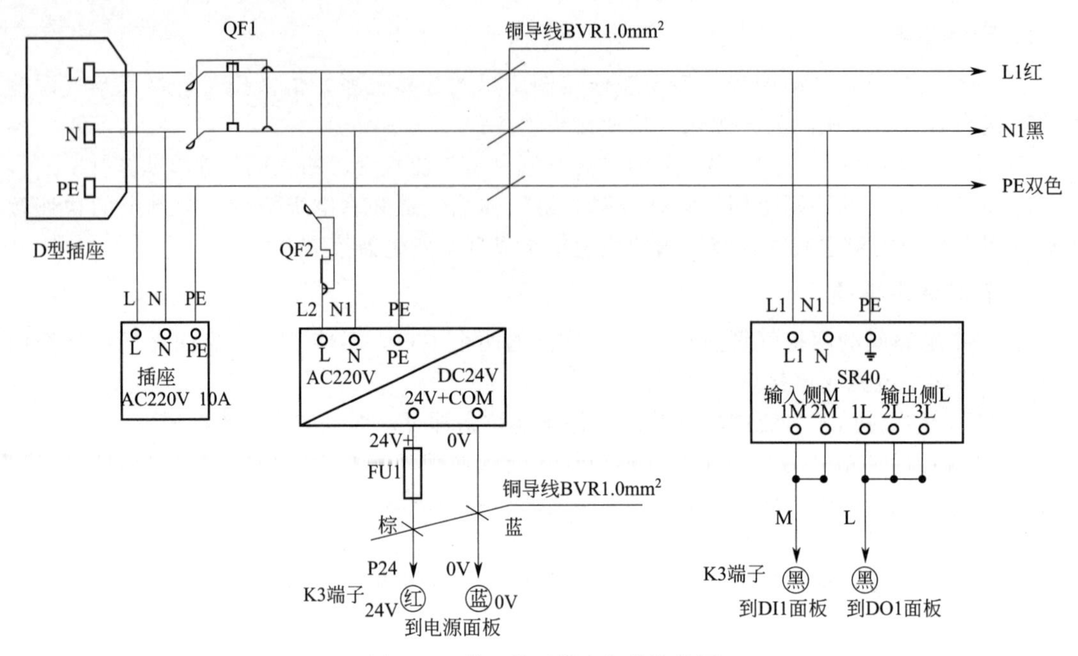

图 4-21 装配单元供电部分接线图

2. 装配单元电路的 PLC 的 I/O 连接

PLC 的 I/O 端口分别连接 DB25 母口和公口连接件，接线如图 4-22 所示。

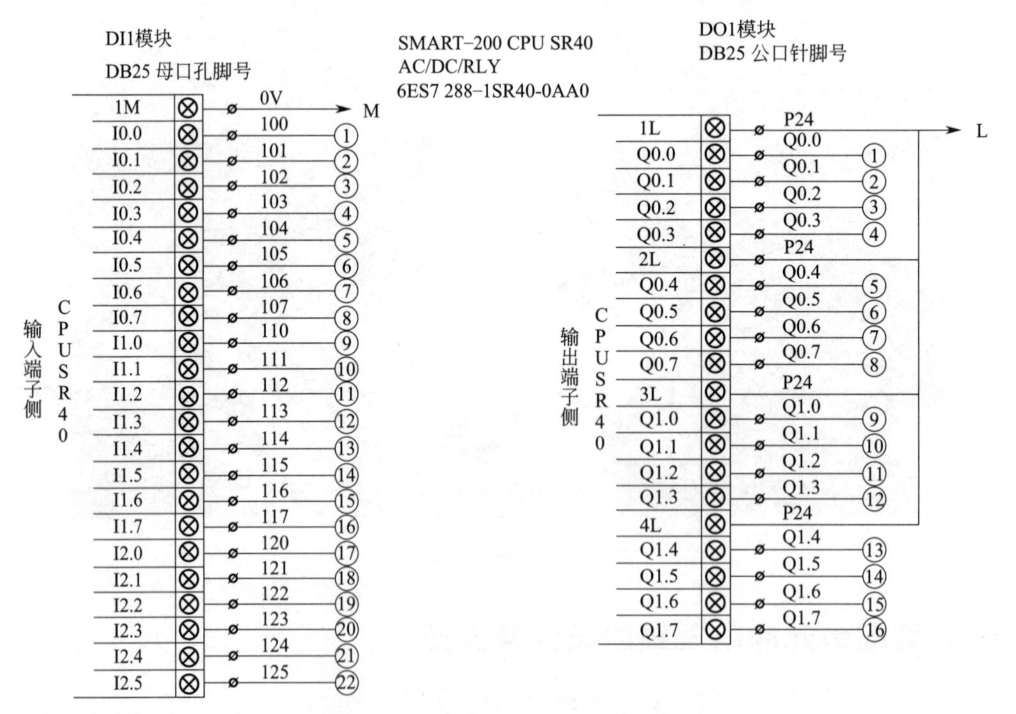

图 4-22 装配单元 PLC 的 I/O 接线图

3. 装配单元电路的面板部分

装配单元电路的操作面板由带灯按钮开关、带灯旋钮开关、带灯急停开关等组成，其面板布置、连接如图 4-23 所示。

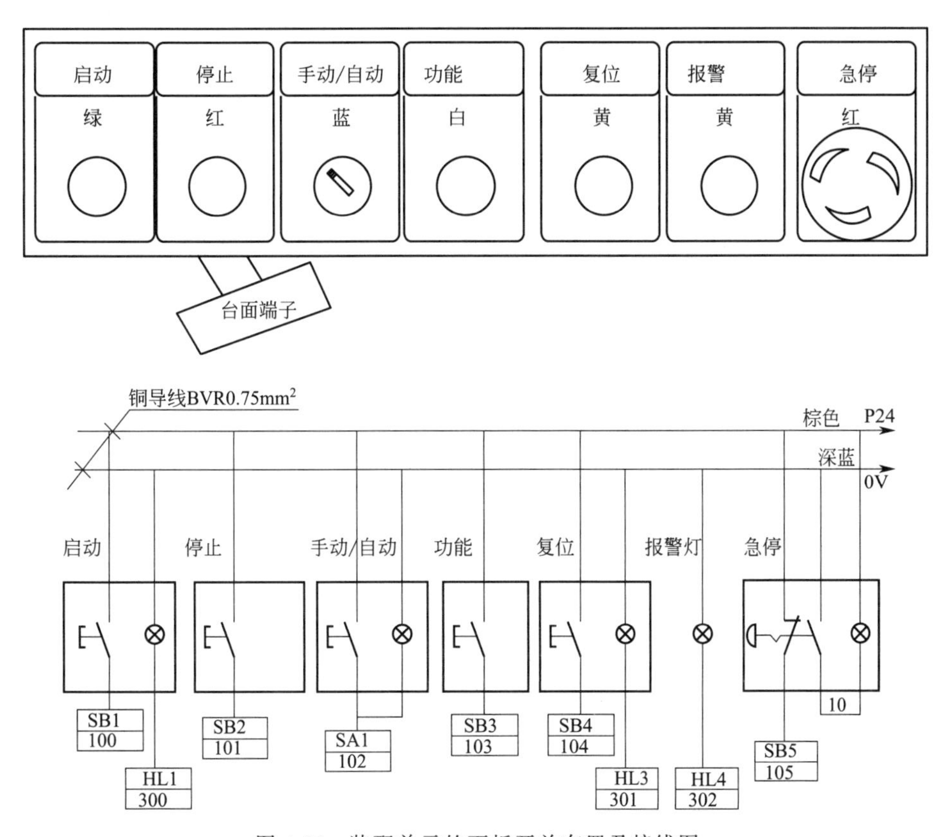

图 4-23　装配单元的面板开关布置及接线图

4. 装配单元电路的平台部分

装配单元平台安装一块电路板，元件由 DB25 连接件转接端子、端子排、光纤传感器本体、继电器等组成，线路连接如图 4-24～图 4-26 所示。

5. 电路安装要求及注意事项

① 按图纸要求选择导线线径、颜色。

② 导线的长度合适。

③ 导线端子压接不露铜，无毛刺。

④ 导线在线槽内排列整齐。不能入线槽的导线要用扎绳绑扎，且用固定块固定到平台上。

四、搬运单元的硬件调试

① 工件皮带和配块提取装置配合，使配块能落到工件上，且高度留有余量。

② 配块提取处位置及高度合适，使吸盘落到配块上，能吸起配块。

③ 工件检测传感器的电容传感器应安装到最后，以便于工件可靠识别。

④ 配块识别用 2 只光纤传感器，灵敏度调节时，1 只能区分红、黑色；1 只能识别有配块，不区分颜色，此为后接触配块。

⑤ 机械：不能松动、运行顺畅。

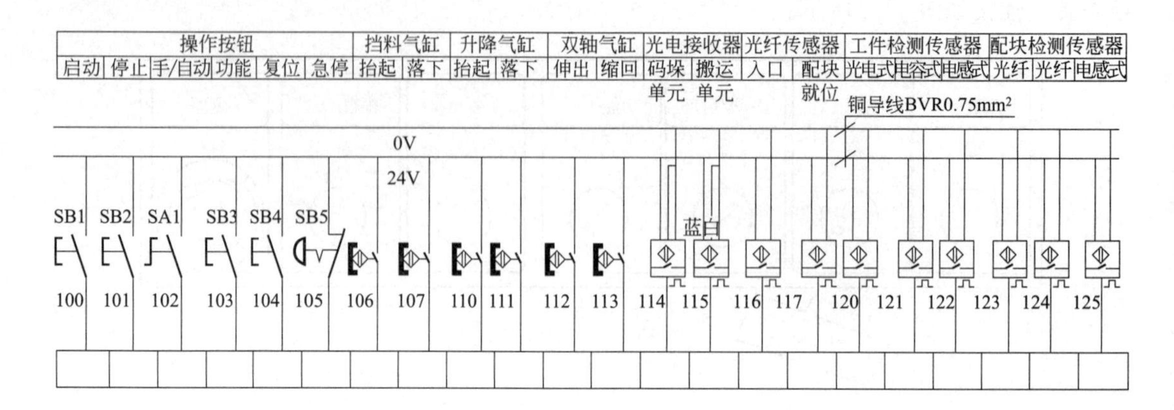

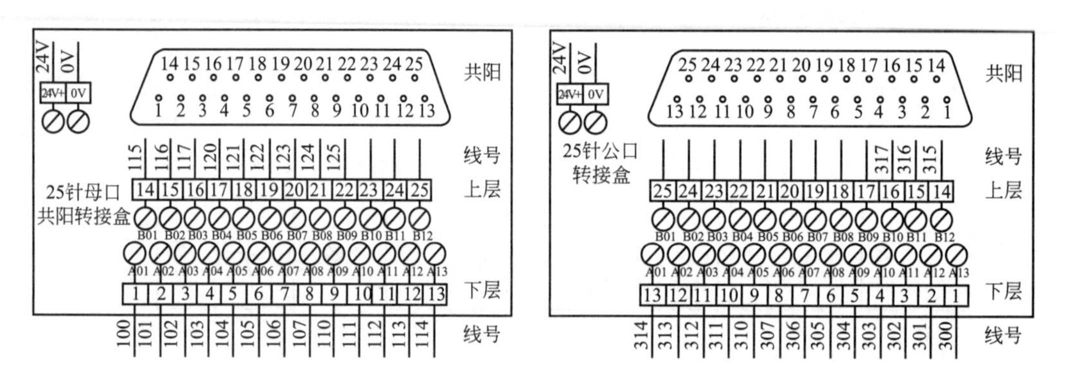

图 4-24 PLC 信号采集转接端子连线图

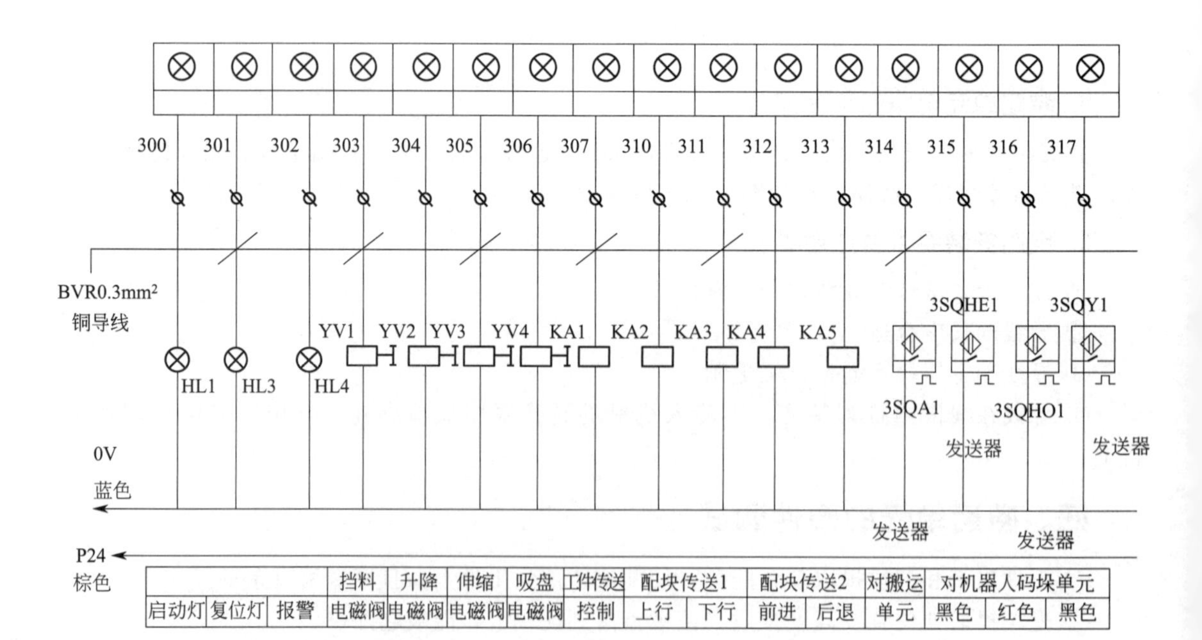

图 4-25 PLC 输出信号转接端子连线图

⑥ 气路：连接正确，运行平稳。

⑦ 逐个检查 I/O 接口是否正确。

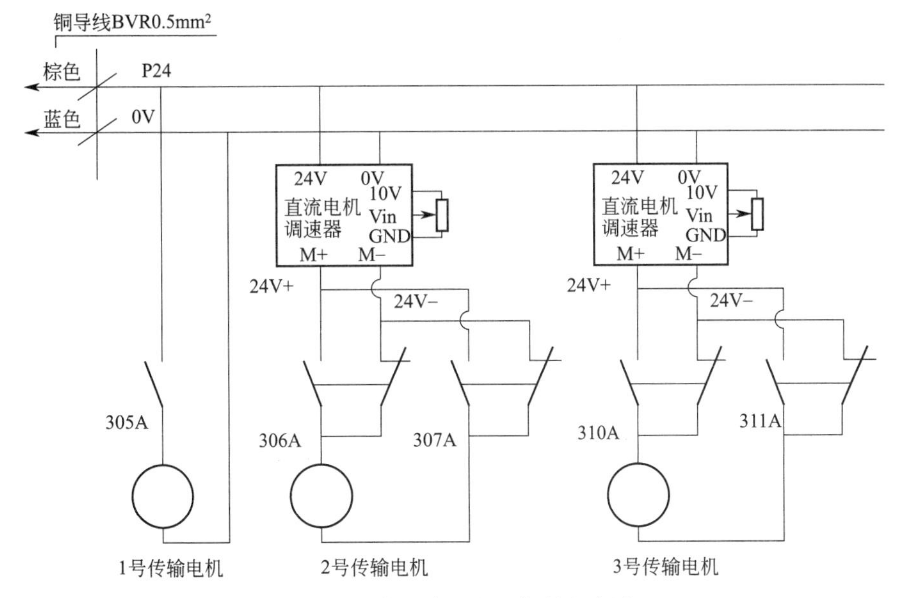

图 4-26 装配单元电机控制电路图

五、搬运单元的软件设计及调试

1. PLC的I/O分配

PLC的I/O分配见表4-1。

表4-1 PLC的I/O分配表

序号	I/O地址	设备符号	设备名称	设备功能
1	I0.0	SB1	绿色带灯按钮	启动
2	I0.1	SB2	红色带灯按钮	停止
3	I0.2	SA	带灯旋钮	手动/自动切换开关
4	I0.3	SB3	白色按钮	功能
5	I0.4	SB4	黄色带灯按钮	复位
6	I0.5	SB5	红色带灯复位按钮	急停
7	I0.6	1B1	磁性开关	阻挡气缸升起
8	I0.7	1B2	磁性开关	阻挡气缸落下
9	I1.0	2B1	磁性开关	配块提取垂直气缸落下
10	I1.1	2B2	磁性开关	配块提取垂直气缸升起
11	I1.2	3B1	磁性开关	配块提取水平气缸伸出
12	I1.3	3B2	磁性开关	配块提取水平气缸缩回
13	I1.4	3SQB1	光电接收器	接收机器人单元信号
14	I1.5	3SQB2	光电接收器	接收搬运单元信号
15	I1.6	4B1	光纤传感器	工件入口检测
16	I1.7	5B1	光纤传感器	配块选出检测
17	I2.0	6B1	光电传感器	工件颜色及材质检测
18	I2.1	6B2	电容式传感器	
19	I2.2	6B3	电感式传感器	

续表

序号	I/O 地址	设备符号	设备名称	设备功能
20	I2.3	7B1	光纤传感器	配块颜色及材质检测
21	I2.4	7B2	光纤传感器	
22	I2.5	7B3	电感式传感器	
23	Q0.0	HL1	指示灯	启动指示
24	Q0.1	HL3	指示灯	复位指示
25	Q0.2	HL4	指示灯	报警指示
26	Q0.3	YV1	电磁阀	控制阻挡气缸
27	Q0.4	YV2	电磁阀	控制配块提取垂直气缸
28	Q0.5	YV3	电磁阀	控制配块提取水平气缸
29	Q0.6	YV4	电磁阀	真空吸盘
30	Q0.7	KA1	继电器	工件传送电动机
31	Q1.0	KA2	继电器	配块电动机 1 正转
32	Q1.1	KA3	继电器	配块电动机 1 反转
33	Q1.2	KA4	继电器	配块电动机 2 正转
34	Q1.3	KA5	继电器	配块电动机 2 反转
35	Q1.4	3SQA1	光电发射器	向搬运单元发信号
36	Q1.5	3SQA2	光电发射器	向机器人单元发黑色信号
37	Q1.6	3SQA3	光电发射器	向机器人单元发红色信号
38	Q1.7	3SQA4	光电发射器	向机器人单元发银色信号

2. 程序流程图

主程序流程图见图 4-27。

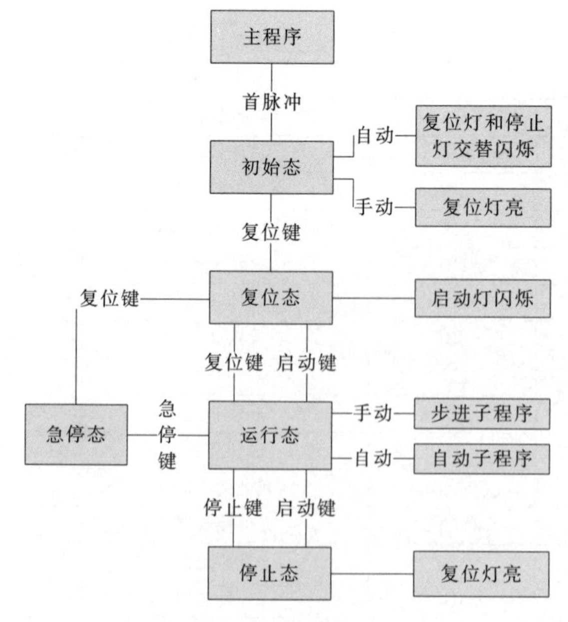

图 4-27 主程序流程图

步进和自动运行子程序流程图见图 4-28。

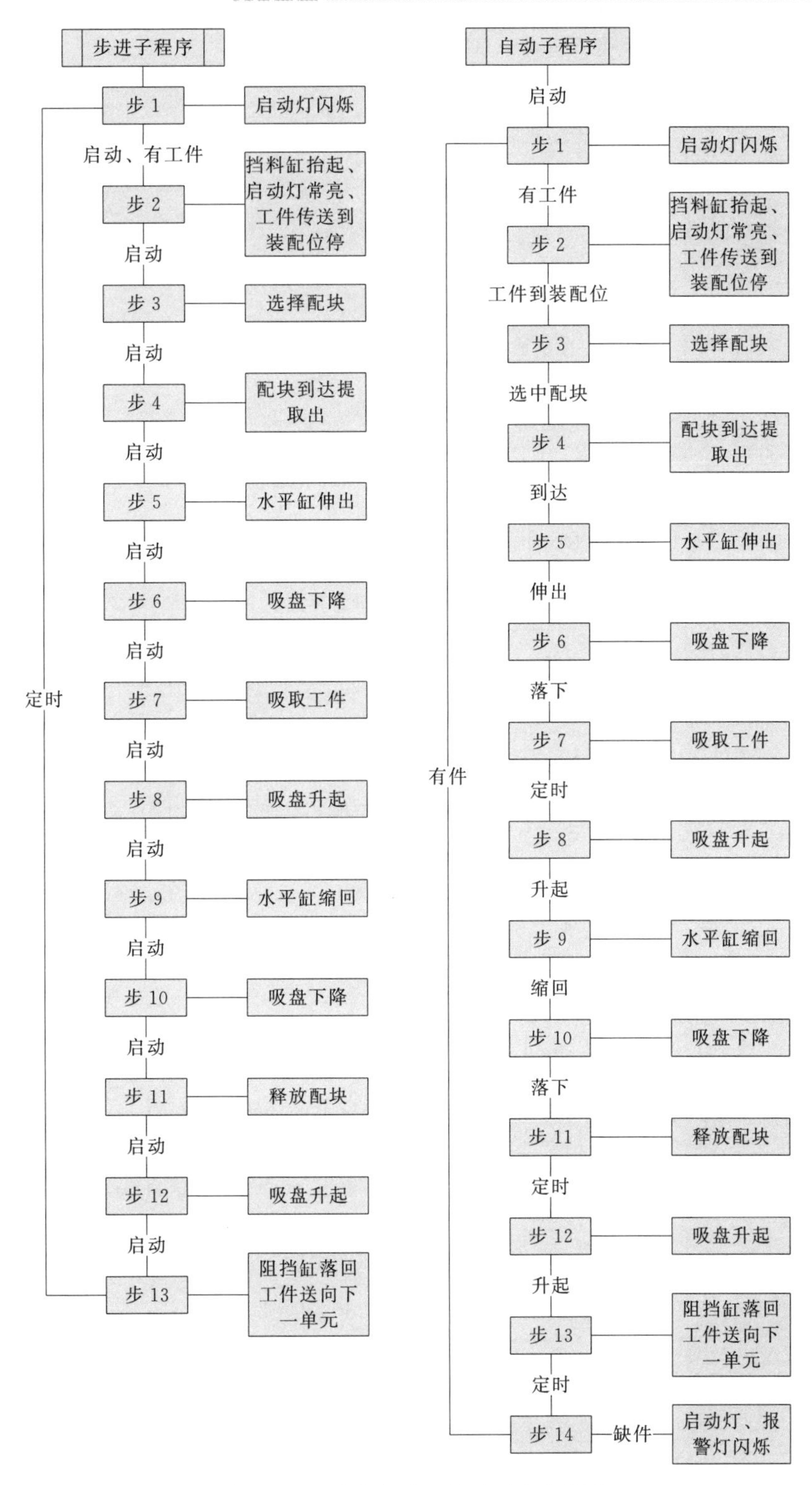

图 4-28　步进和自动运行子程序流程图

3. 梯形图程序

（1）主程序

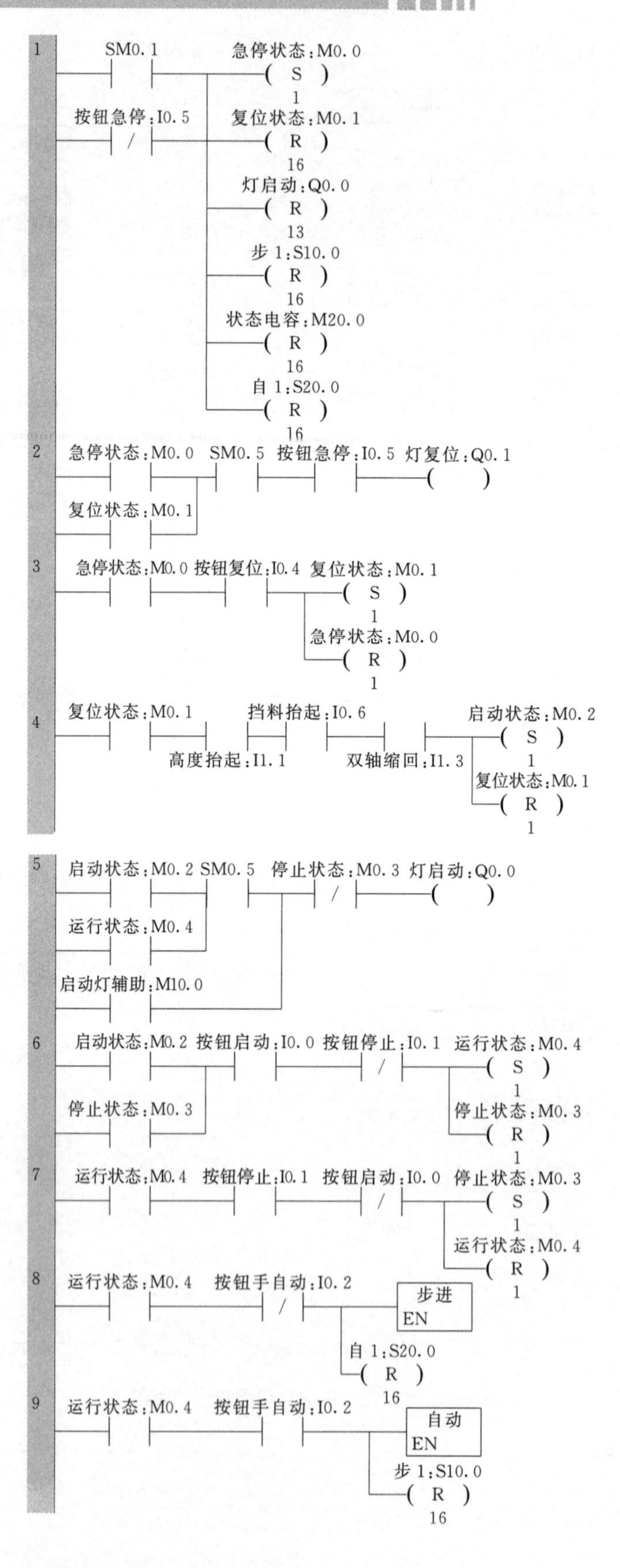
1
SM0.1
急停状态:M0.0
S
1
按钮急停:I0.5
复位状态:M0.1
R
16
灯启动:Q0.0
R
13
步1:S10.0
R
16
状态电容:M20.0
R
16
自1:S20.0
R
16
2
急停状态:M0.0
SM0.5
按钮急停:I0.5
灯复位:Q0.1
复位状态:M0.1
3
急停状态:M0.0
按钮复位:I0.4
复位状态:M0.1
S
1
急停状态:M0.0
R
1
4
复位状态:M0.1
挡料抬起:I0.6
启动状态:M0.2
S
1
高度抬起:I1.1
双轴缩回:I1.3
复位状态:M0.1
R
1
5
启动状态:M0.2
SM0.5
停止状态:M0.3
灯启动:Q0.0
运行状态:M0.4
启动灯辅助:M10.0
6
启动状态:M0.2
按钮启动:I0.0
按钮停止:I0.1
运行状态:M0.4
S
1
停止状态:M0.3
停止状态:M0.3
R
1
7
运行状态:M0.4
按钮停止:I0.1
按钮启动:I0.0
停止状态:M0.3
S
1
运行状态:M0.4
R
1
8
运行状态:M0.4
按钮手自动:I0.2
步进
EN
自1:S20.0
R
16
9
运行状态:M0.4
按钮手自动:I0.2
自动
EN
步1:S10.0
R
16

(2) 步进子程序

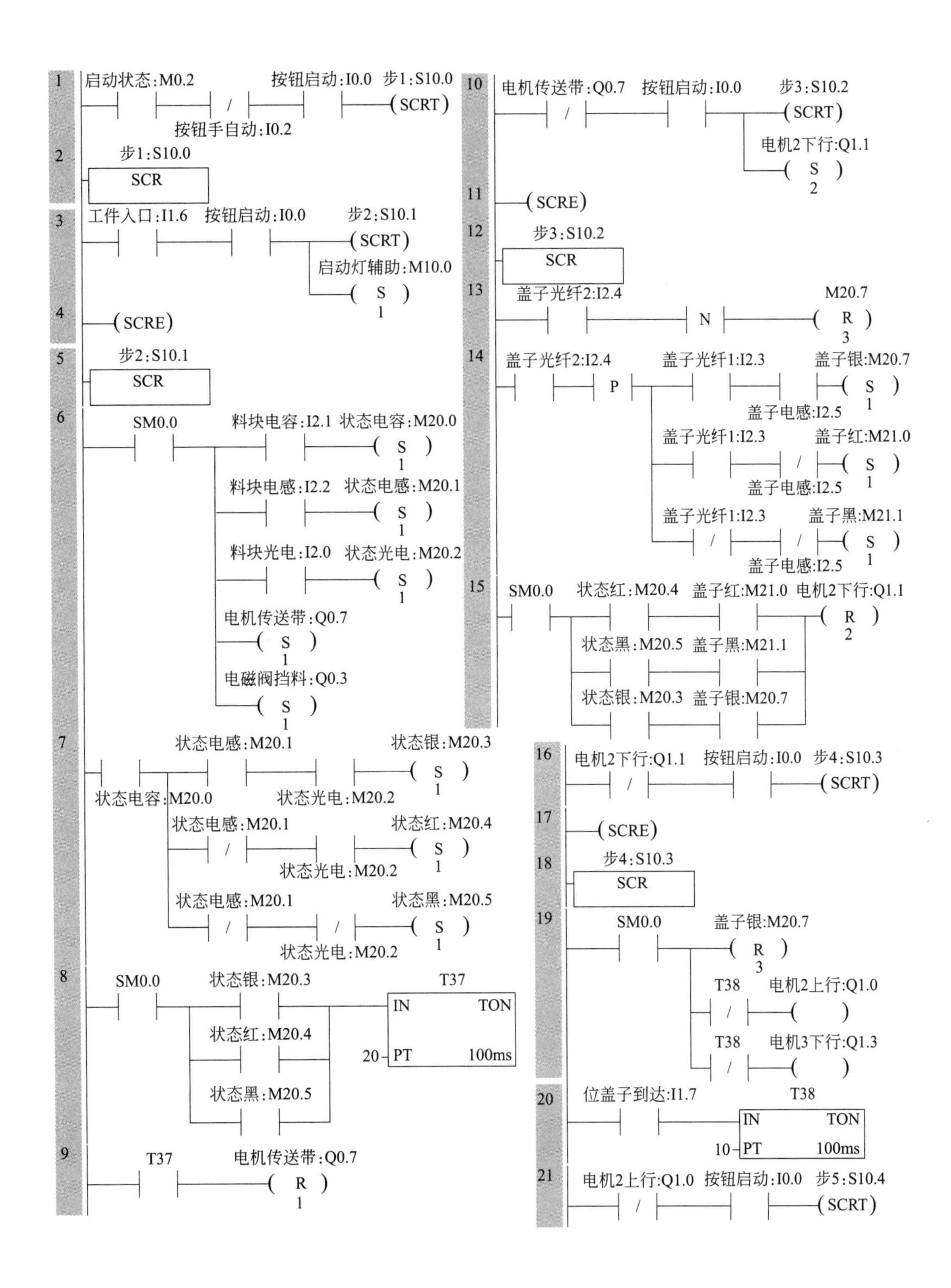
1
启动状态:M0.2
按钮启动:I0.0
步1:S10.0
SCRT
按钮手自动:I0.2
2
步1:S10.0
SCR
3
工件入口:I1.6
按钮启动:I0.0
步2:S10.1
SCRT
启动灯辅助:M10.0
S
1
4
SCRE
5
步2:S10.1
SCR
6
SM0.0
料块电容:I2.1
状态电容:M20.0
料块电感:I2.2
状态电感:M20.1
料块光电:I2.0
状态光电:M20.2
电机传送带:Q0.7
电磁阀挡料:Q0.3
7
状态电感:M20.1
状态银:M20.3
状态电容:M20.0
状态光电:M20.2
状态红:M20.4
状态黑:M20.5
8
SM0.0
状态银:M20.3
状态红:M20.4
状态黑:M20.5
T37
IN
TON
20
PT
100ms
9
T37
电机传送带:Q0.7
R
1
10
电机传送带:Q0.7
按钮启动:I0.0
步3:S10.2
SCRT
电机2下行:Q1.1
S
2
11
SCRE
12
步3:S10.2
SCR
13
盖子光纤2:I2.4
N
M20.7
R
3
14
盖子光纤2:I2.4
P
盖子光纤1:I2.3
盖子银:M20.7
盖子电感:I2.5
盖子红:M21.0
盖子黑:M21.1
15
SM0.0
状态红:M20.4
盖子红:M21.0
电机2下行:Q1.1
R
2
状态黑:M20.5
盖子黑:M21.1
状态银:M20.3
盖子银:M20.7
16
电机2下行:Q1.1
按钮启动:I0.0
步4:S10.3
SCRT
17
SCRE
18
步4:S10.3
SCR
19
SM0.0
盖子银:M20.7
R
3
T38
电机2上行:Q1.0
电机3下行:Q1.3
20
位盖子到达:I1.7
T38
IN
TON
10
PT
100ms
21
电机2上行:Q1.0
按钮启动:I0.0
步5:S10.4
SCRT

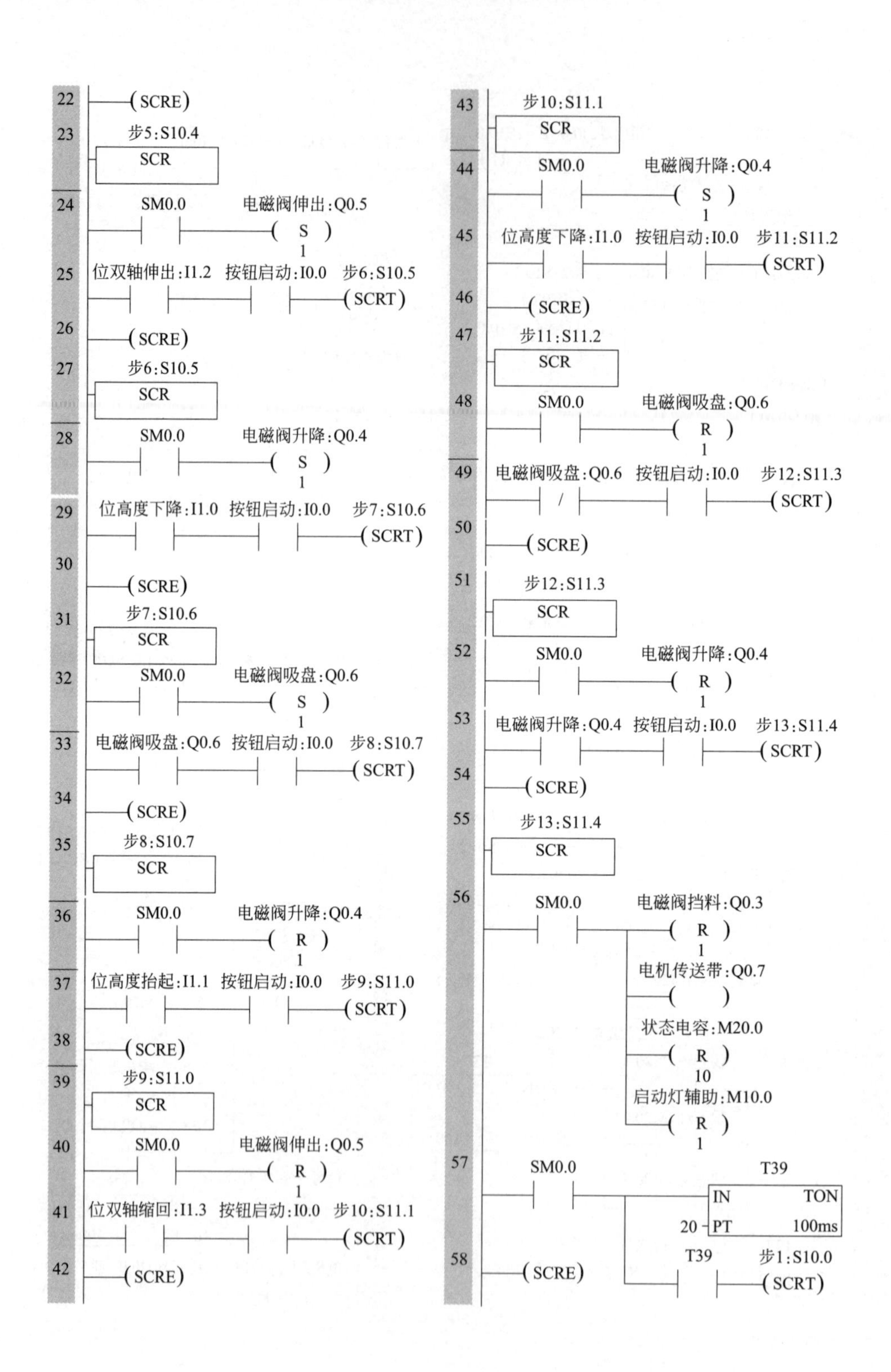
22
SCRE
23
步5:S10.4
SCR
24
SM0.0
电磁阀伸出:Q0.5
S
1
25
位双轴伸出:I1.2
按钮启动:I0.0
步6:S10.5
SCRT
26
SCRE
27
步6:S10.5
SCR
28
SM0.0
电磁阀升降:Q0.4
S
1
29
位高度下降:I1.0
按钮启动:I0.0
步7:S10.6
SCRT
30
SCRE
31
步7:S10.6
SCR
32
SM0.0
电磁阀吸盘:Q0.6
S
1
33
电磁阀吸盘:Q0.6
按钮启动:I0.0
步8:S10.7
SCRT
34
SCRE
35
步8:S10.7
SCR
36
SM0.0
电磁阀升降:Q0.4
R
1
37
位高度抬起:I1.1
按钮启动:I0.0
步9:S11.0
SCRT
38
SCRE
39
步9:S11.0
SCR
40
SM0.0
电磁阀伸出:Q0.5
R
1
41
位双轴缩回:I1.3
按钮启动:I0.0
步10:S11.1
SCRT
42
SCRE
43
步10:S11.1
SCR
44
SM0.0
电磁阀升降:Q0.4
S
1
45
位高度下降:I1.0
按钮启动:I0.0
步11:S11.2
SCRT
46
SCRE
47
步11:S11.2
SCR
48
SM0.0
电磁阀吸盘:Q0.6
R
1
49
电磁阀吸盘:Q0.6
按钮启动:I0.0
步12:S11.3
SCRT
50
SCRE
51
步12:S11.3
SCR
52
SM0.0
电磁阀升降:Q0.4
R
1
53
电磁阀升降:Q0.4
按钮启动:I0.0
步13:S11.4
SCRT
54
SCRE
55
步13:S11.4
SCR
56
SM0.0
电磁阀挡料:Q0.3
R
1
电机传送带:Q0.7
状态电容:M20.0
R
10
启动灯辅助:M10.0
R
1
57
SM0.0
T39
IN
TON
20
PT
100ms
T39
步1:S10.0
SCRT
58
SCRE

（3）自动子程序

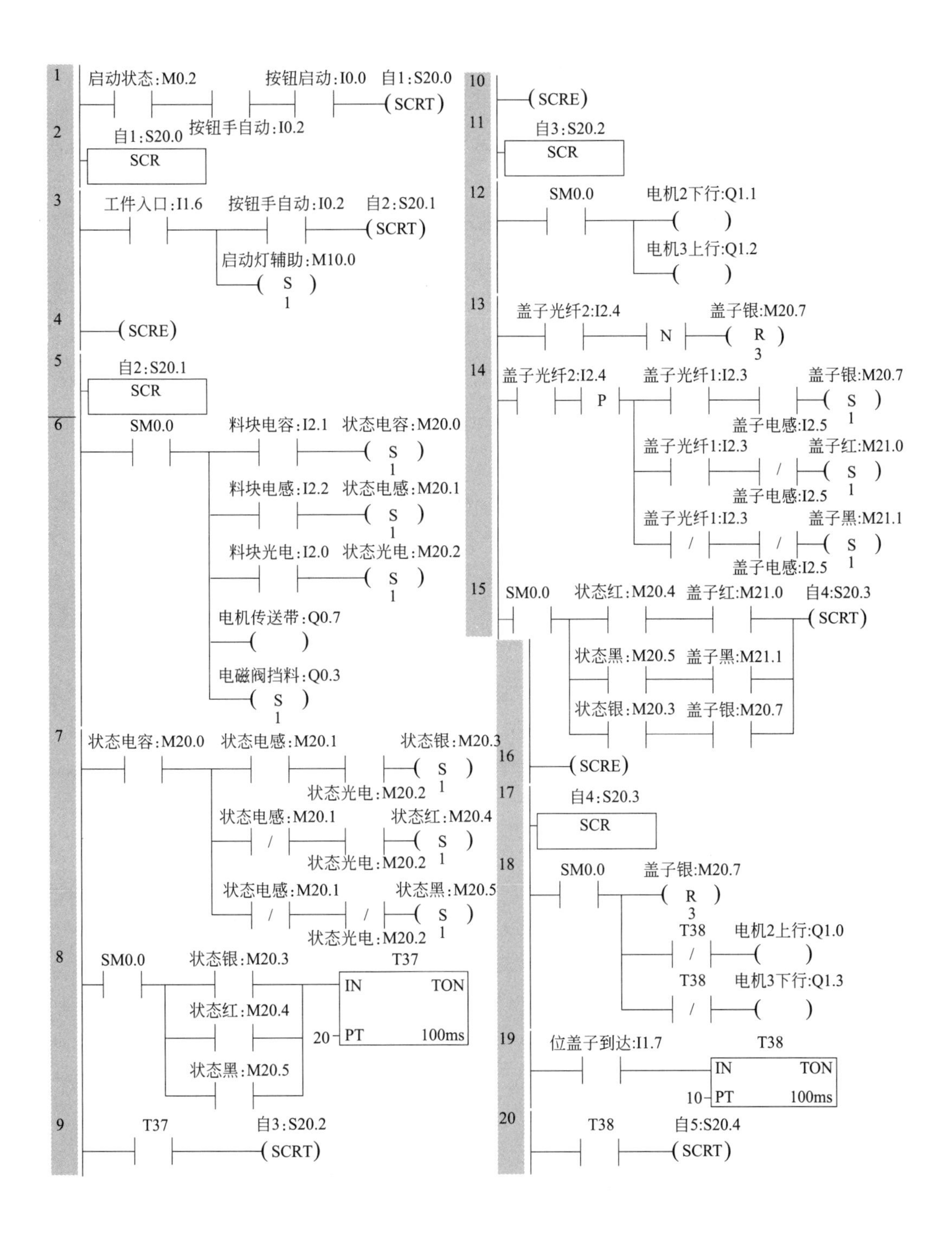
1
启动状态:M0.2
按钮启动:I0.0
自1:S20.0
SCRT
2
自1:S20.0
按钮手自动:I0.2
SCR
3
工件入口:I1.6
按钮手自动:I0.2
自2:S20.1
SCRT
启动灯辅助:M10.0
S
1
4
SCRE
5
自2:S20.1
SCR
6
SM0.0
料块电容:I2.1
状态电容:M20.0
S
1
料块电感:I2.2
状态电感:M20.1
S
1
料块光电:I2.0
状态光电:M20.2
S
1
电机传送带:Q0.7
电磁阀挡料:Q0.3
S
1
7
状态电容:M20.0
状态电感:M20.1
状态银:M20.3
S
1
状态光电:M20.2
状态电感:M20.1
状态红:M20.4
S
1
状态光电:M20.2
状态电感:M20.1
状态黑:M20.5
S
1
状态光电:M20.2
8
SM0.0
状态银:M20.3
T37
IN
TON
状态红:M20.4
20
PT
100ms
状态黑:M20.5
9
T37
自3:S20.2
SCRT
10
SCRE
11
自3:S20.2
SCR
12
SM0.0
电机2下行:Q1.1
电机3上行:Q1.2
13
盖子光纤2:I2.4
N
盖子银:M20.7
R
3
14
盖子光纤2:I2.4
P
盖子光纤1:I2.3
盖子银:M20.7
S
1
盖子电感:I2.5
盖子光纤1:I2.3
盖子红:M21.0
S
1
盖子电感:I2.5
盖子光纤1:I2.3
盖子黑:M21.1
S
1
盖子电感:I2.5
15
SM0.0
状态红:M20.4
盖子红:M21.0
自4:S20.3
SCRT
状态黑:M20.5
盖子黑:M21.1
状态银:M20.3
盖子银:M20.7
16
SCRE
17
自4:S20.3
SCR
18
SM0.0
盖子银:M20.7
R
3
T38
电机2上行:Q1.0
T38
电机3下行:Q1.3
19
位盖子到达:I1.7
T38
IN
TON
10
PT
100ms
20
T38
自5:S20.4
SCRT

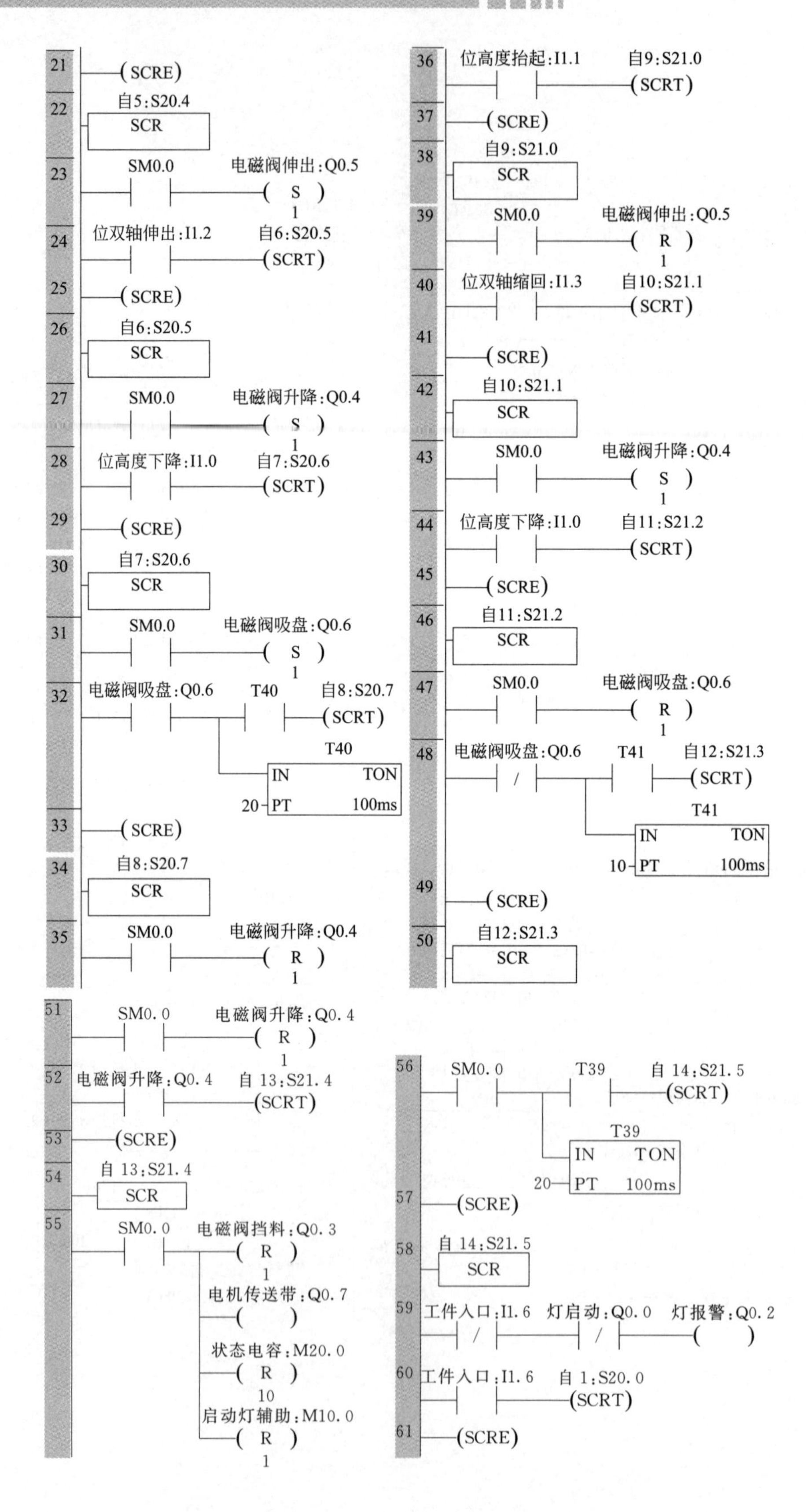

21 (SCRE)
22 自5:S20.4 SCR
23 SM0.0 电磁阀伸出:Q0.5 (S) 1
24 位双轴伸出:I1.2 自6:S20.5 (SCRT)
25 (SCRE)
26 自6:S20.5 SCR
27 SM0.0 电磁阀升降:Q0.4 (S) 1
28 位高度下降:I1.0 自7:S20.6 (SCRT)
29 (SCRE)
30 自7:S20.6 SCR
31 SM0.0 电磁阀吸盘:Q0.6 (S) 1
32 电磁阀吸盘:Q0.6 T40 自8:S20.7 (SCRT)
T40 IN TON 20 PT 100ms
33 (SCRE)
34 自8:S20.7 SCR
35 SM0.0 电磁阀升降:Q0.4 (R) 1
36 位高度抬起:I1.1 自9:S21.0 (SCRT)
37 (SCRE)
38 自9:S21.0 SCR
39 SM0.0 电磁阀伸出:Q0.5 (R) 1
40 位双轴缩回:I1.3 自10:S21.1 (SCRT)
41 (SCRE)
42 自10:S21.1 SCR
43 SM0.0 电磁阀升降:Q0.4 (S) 1
44 位高度下降:I1.0 自11:S21.2 (SCRT)
45 (SCRE)
46 自11:S21.2 SCR
47 SM0.0 电磁阀吸盘:Q0.6 (R) 1
48 电磁阀吸盘:Q0.6 / T41 自12:S21.3 (SCRT)
T41 IN TON 10 PT 100ms
49 (SCRE)
50 自12:S21.3 SCR
51 SM0. 0 电磁阀升降:Q0. 4 (R) 1
52 电磁阀升降:Q0. 4 自 13:S21. 4 (SCRT)
53 (SCRE)
54 自 13:S21. 4 SCR
55 SM0. 0 电磁阀挡料:Q0. 3 (R) 1
电机传送带:Q0. 7 ( )
状态电容:M20. 0 (R) 10
启动灯辅助:M10. 0 (R) 1
56 SM0. 0 T39 自 14:S21. 5 (SCRT)
T39 IN TON 20 PT 100ms
57 (SCRE)
58 自 14:S21. 5 SCR
59 工件入口:I1. 6 / 灯启动:Q0. 0 / 灯报警:Q0. 2 ( )
60 工件入口:I1. 6 自 1:S20. 0 (SCRT)
61 (SCRE)

项目评价

项目评价见表4-2。

表4-2 项目评价表

评价内容		分值	评分标准	得分
安装	机械安装	20	零部件牢固,松动一处扣2分 衔接处衔接不顺畅,每处扣3分	
	气路安装	10	要整齐、美观、规范	
	线路安装	20	导线连接错误,每处扣3分 电源线和信号线不区分扣2分 导线捆扎不整齐,每处扣2分	
软件编写	程序编写	5	规范、合理,错误一处扣1分	
	程序下载	5	不能下载到PLC内扣5分	
	功能调试	30	功能不全,缺一处扣5分	
安全文明操作	遵守安全文明操作规程	10	违反安全操作规程,酌情扣3～10分	

拓展练习

① 熟悉装配单元工艺流程，调整零部件安装位置，改变工件传递方向，工件由右端放入，向左方传递。

② 熟悉S7-200 SMART软件，根据搬运单元工艺流程，采用置位、复位指令编写装配单元控制程序，使设备正常运行。

③ 把装配单元和搬运单元、供料单元连在一起形成一个小型自动线，完成设备的安装及程序，使之能对一批工件自动分拣并装配相同材质的配块。

④ 总结装配单元的安装及调试过程，完成实训报告。

项目五

DLDS-500AR生产线的机器人分类储存单元

知识目标

① 熟悉机器人分类储存单元的基本结构和工作过程。

② 掌握传感器技术、气动技术的工作原理及在机器人分类储存单元中的应用。

③ 掌握机器人分类储存单元的气路和电路原理。

④ 掌握机器人分类储存单元的控制程序。

技能目标

① 正确安装、调试机器人分类储存单元的机械零部件和气动元件。

② 正确安装、调试机器人分类储存单元的各种传感器。

③ 正确连接机器人分类储存单元的气路、电路。

④ 根据机器人分类储存单元的工作流程编写及调试PLC控制程序。

项目描述

DLDS-500AR模块化柔性生产线的机器人分类储存单元，由进料装置、机器人、工件储存仓、电气控制板、操作面板、I/O转接端口模块、气源等部分组成。

机器人分类储存单元的主要作用是加工后的工件分类储存。机器人分类储存过程中，加工单元过来的工件由导向滑槽进入料台；料台装有光纤传感器，感应到工件后，机械手抓取工件，放置到工件储存仓中。这是整个系统的最后一个单元，也是整个工作中最复杂的部分。

认真分析机器人分类储存单元的机构组成及工作原理，安装、调整机器人分类储存单元各部分，并根据如下控制流程设计控制程序，完成设备的动作功能。

控制流程描述如下：

① 准备：断开机器人、PLC与编程设备的连接，关闭PLC、机器人电源，关闭气

源，清除工作单元上的所有工件，旋钮处于自动位置，二联件压力设定为5bar。

② 打开电源，打开气源（在教师指导下才能操作）。

③ 复位灯闪烁，闪烁频率为1Hz。

④ 按一下复位按钮。

⑤ 复位灯灭，机器人手臂在初始位置。

⑥ 复位完成后开始灯闪烁。

⑦ 按一下开始按钮。

⑧ 开始灯常亮。

⑨ 检测到入口料位有工件，机器人抓取工件放到料仓1中。

项目分析

对机器人分类储存单元，首先熟悉资料、原理，然后动手操作，完成任务及操作步骤如下：

① 熟悉机器人分类储存单元的基本结构和工作原理。

② 熟悉机器人分类储存单元的机械部件构成，并进行机械安装。

③ 掌握机器人分类储存单元气动元件的应用及气路原理，并进行气路安装。

④ 理解机器人分类储存单元的电气原理，进行线路连接。

⑤ 能对机器人分类储存单元的各动作机构手动调试。

⑥ 进行机器人分类储存单元的PLC程序设计及调试。

⑦ 六轴机器人程序设计及调试。

知识准备

一、机器人分类储存单元的结构组成

机器人分类储存单元的主要组成部分为六轴机器人、接料装置、3×3料台、料仓、钣金台体、铝合金底板、操作面板、PLC控制板、I/O接线端子、过滤调压组件、光线传感器、电磁阀组、仿真盒等，其构成如图5-1所示。

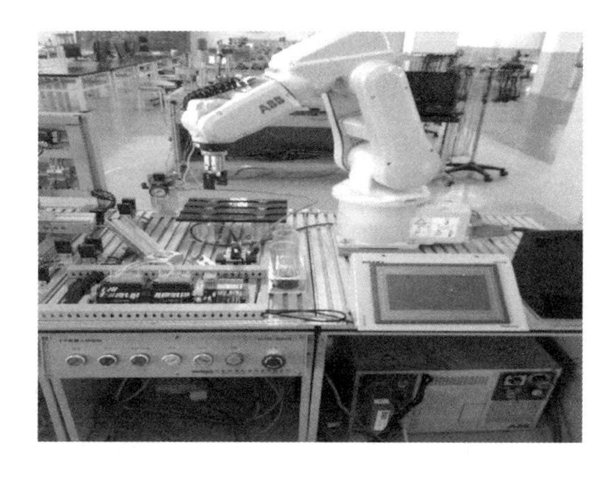

图5-1　机器人分类储存单元组成图

二、机器人分类储存单元的功能

装配后的工件传送过来后，根据工件的颜色和材质，由机器人抓取，放置到不同的存储位置。

三、机器人分类储存单元的基本原理

通过光电收发器通信，接收装配单元传送的工件颜色和材质信息，机器人分类存储到不同位置。

四、传感器在机器人分类储存单元中的应用

机器人分类储存单元用到的传感器有光纤传感器、光电收/发器。光纤传感器安装在接料槽的侧壁，用于感应工件的到达。光电收/发器：用于和装配单元的信息传递，接受要到达的工件材质或颜色信息，发送本单元准备就绪信息。

五、机器人分类储存单元中的气动元件

机器人分类储存单元用到的气动元件有气动二联体、汇流板、电磁阀、节流阀、手指气缸、气管。

六、机器人分类储存单元的气路原理

机器人分类储存单元的气路原理见图 5-2。

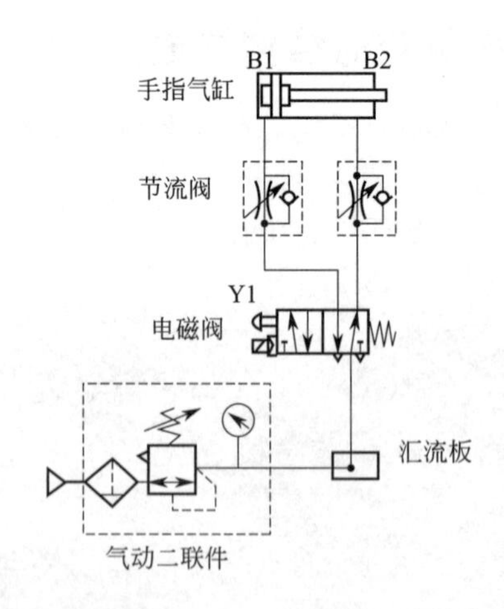

图 5-2　机器人分类储存单元气路图

七、机器人分类储存单元的电路

机器人分类储存单元的电路见图 5-3。

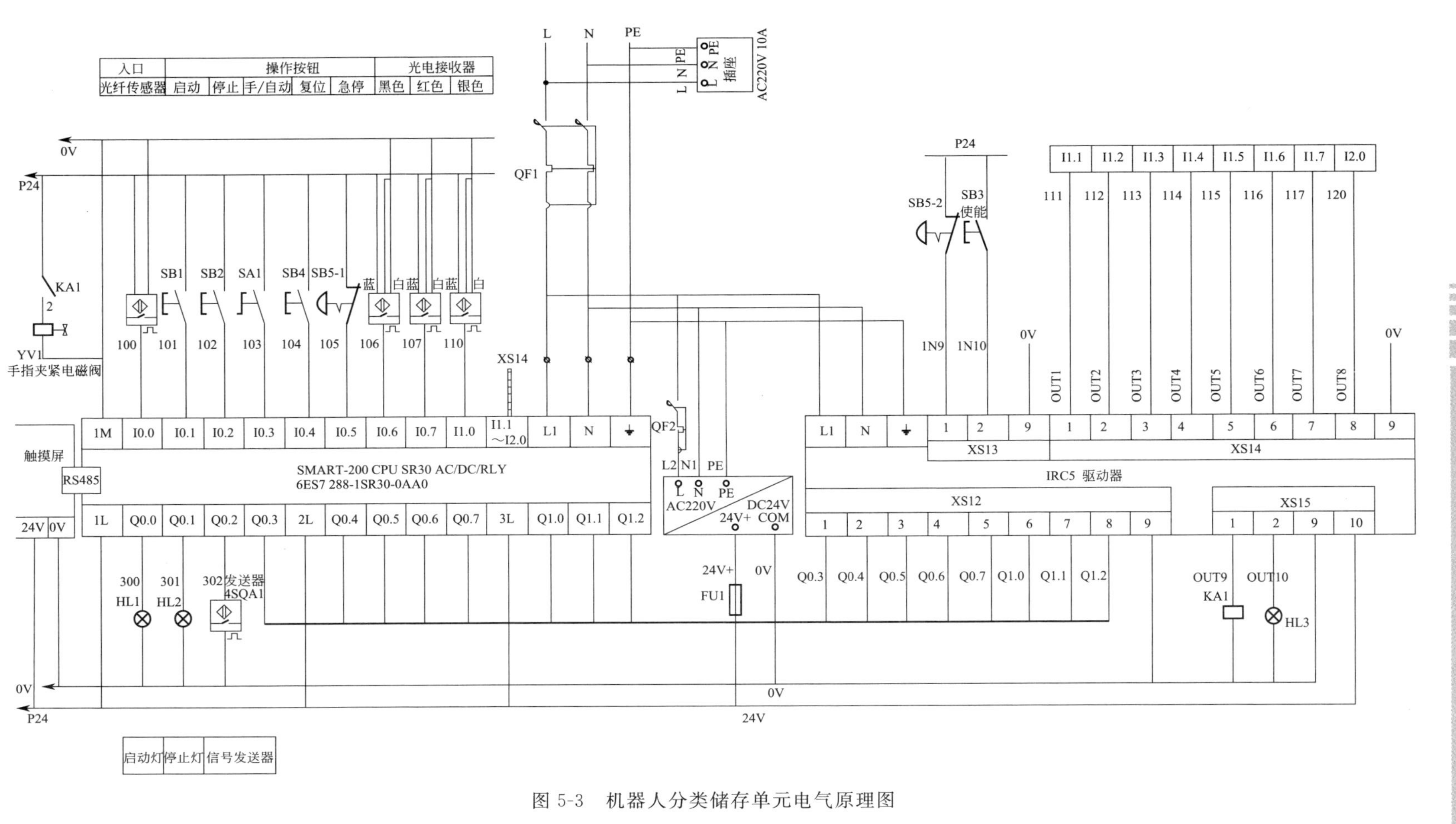

图 5-3　机器人分类储存单元电气原理图

知识链接

一、认识ABB品牌的IRB 120型机器人

1. ABB机器人系统

IRB 120型机器人基本系统通常包括IRC5控制器、FlexPendant（由硬件和软件组成，其本身就是一成套完整的计算机）、RobotStudio Online（离线编程软件，可用于生产工作站模拟，为机器人设定最佳位置；还可执行离线编程，避免发生代价高昂的生产中断或延误）以及一个或更多机器人或其他机械单元，可能还会有一个或更多硬件或软件选件或添加件。系统主要组成如图5-4所示。

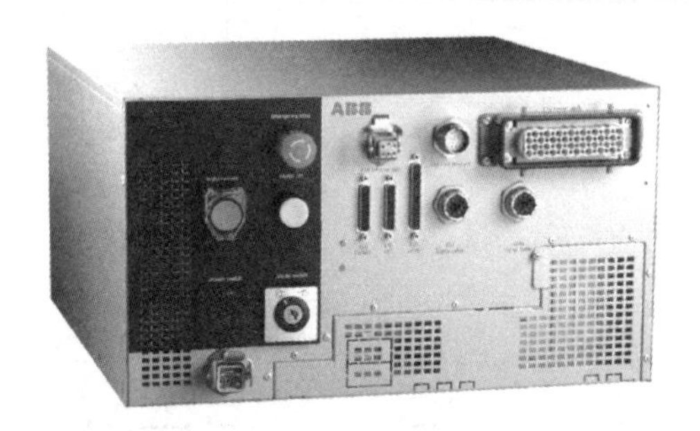

图5-4 六轴机器人

（1）IRB 120型机器人

IRB 120是ABB新型第四代机器人家族的最新成员，也是迄今为止ABB制造的最小机器人。紧凑、敏捷、轻量的六轴IRB 120，仅重25kg，荷重3kg（垂直腕为4kg），工作范围达580mm，控制精度与路径精度俱优，是物料搬运与装配应用的理想选择。它广泛适用于电子、食品饮料、机械、太阳能、制药、医疗等领域。

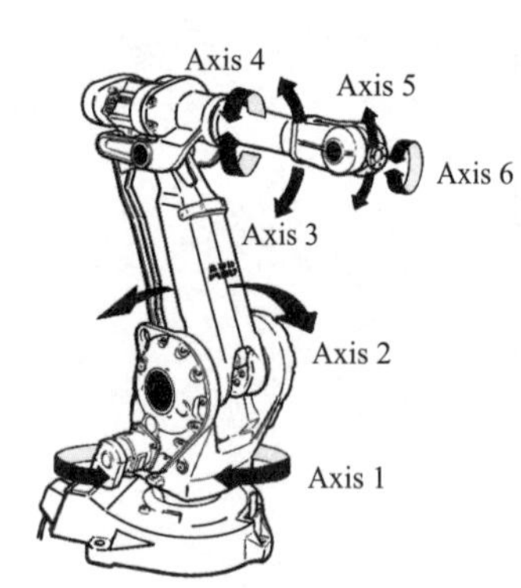

图5-5 机械手组成及动作方向示意图

（2）IRC5控制器

IRC5紧凑型控制器进一步增强了该机器人控制器家族的实力。作为全球领先控制器系列的一员，这款产品在最小的空间内融合了多项业界熟知的技术优势，如优异的运动控制能力、高度灵活的RAPID语言等。

2. 机械手（manipulator）

① 机械手是由六个转轴组成的空间六杆开链机构，如图5-5所示。

② 六个转轴均有AC伺服电机驱动，每个电机后均有编码器。

③ 每个转轴均带有一个齿轮箱。

④ 机械手带有手动松闸按钮，用于维修时使用。图5-5机械手组成及动作方向示意图。

⑤ 机械手带有平衡气缸或弹簧。

⑥ 机械手带有串口测量板（SMB）。

3. FlexPendant 简介

FlexPendant 设备（也称为 TPU 或教导器单元）用于处理与机器人系统操作相关的许多功能、运行程序、微动控制操纵器、生成和编辑程序等。FlexPendant 组成如图 5-6 所示，由硬件（如按钮和控制杆）和软件组成，通过集成电缆和连接器与控制器模块连接。

（1）主要部件

图 5-6 所示是 FlexPendant 的主要部件。

（2）硬件按钮

FlexPendant 配备一系列专用硬件按钮，如图 5-7 所示，其中四个按钮为可编程按钮，四个为预编程按钮。

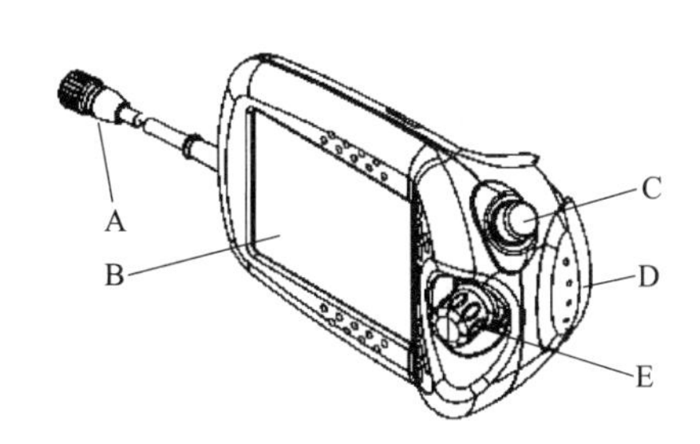

图 5-6 FlexPendant 组成图

A—连接器；B—触摸屏；
C—紧急停止按钮；D—使动装置；
E—控制杆

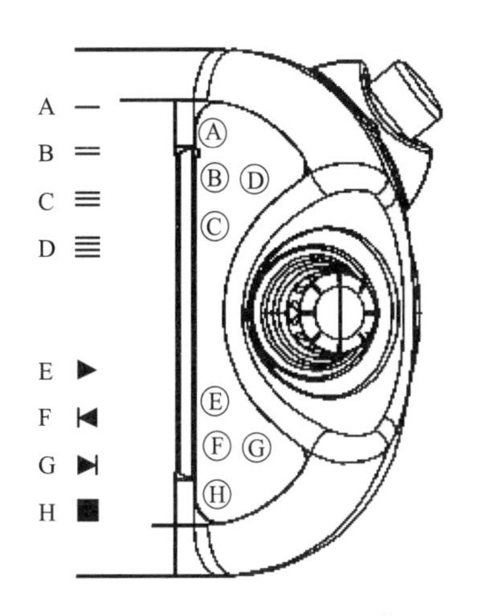

图 5-7 FlexPendant 按钮位置图

A—可编程按键 1；B—可编程按键 2；C—可编程按键 3；
D—可编程按键 4；E—START（启动）按钮；
F—Step BACKWARD（步退）按钮；
G—Step FORWARD（步进）按钮；
H—STOP（停止）按钮

（3）触摸屏组件

图 5-8 显示了 FlexPendant 触摸屏的界面元素。

① ABB 菜单 从 ABB 菜单可以选择以下项目：HotEdit、FlexPendant 资源管理器、输入和输出、微动控制、运行时窗口、程序数据、程序编辑器、备份和恢复、校准、控制面板等。

② 操作员窗口 操作员窗口显示来自程序的消息。

③ 状态栏 状态栏显示与系统和消息有关的信息。

④ 关闭按钮 点击关闭按钮将关闭当前打开的视图或应用程序。

⑤ 任务栏 任务栏显示所有打开的视图和应用程序。

⑥“快速设置 ”菜单 “快速设置”菜单包含微动控制和程序执行的设置。

（4）左手和右手操作

FlexPendant 出厂时的设置为左手操作，该设置可很方便地更改为右手操作，必要时也可改回原有设置，如图 5-9 所示。

图 5-8 FlexPendant 屏幕显示图

A—ABB 菜单；B—操作员窗口；C—状态栏；D—关闭按钮；E—任务栏；F—“快速设置”菜单

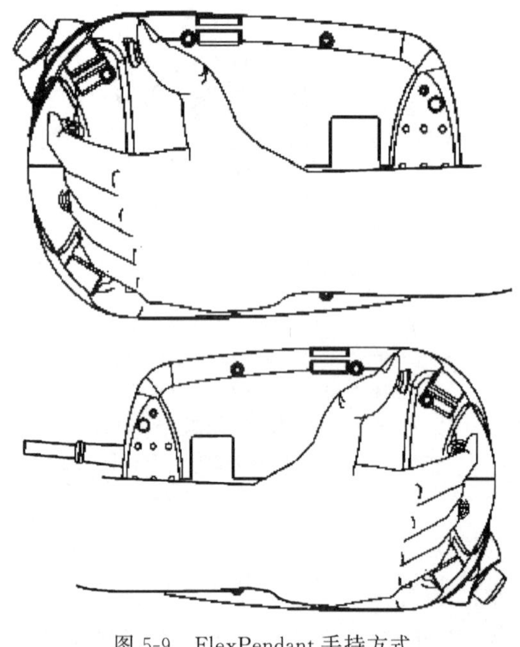

图 5-9 FlexPendant 手持方式

4. IRC5 控制器简介

IRC5 控制器包含移动和控制机器人的所有必要功能。控制模块包含所有的电子控制装置，主要包括：计算机控制模块，计算机供电单元，安全面板，控制面板，输入/输出板，服务 端口（Ethernet，USB）。驱动模块包含所有为机器人电机供电的电源设备。IRC5 驱动模块最多可包含 9 个驱动单元，它能处理 6 根外轴附加 2 根轴，具体取决于机器人的型号。

5. RobotStudio Online 简介

RobotStudio Online 运行于 PC 机时，PC 机必须连接到控制器网络或控制器服务端口。要通过控制器网络安装，必须知道控制器的名称或 IP 地址，还需了解待安装系统的保存位置，即安装在 PC 机硬盘、配套 CD 上，还是其他地方。

6. 使用 FlexPendant 和 RobotStudio Online

FlexPendant 适用于处理机器人动作和普通操作，而 RobotStudio Online 则适用于配置、编程及其他与日常操作相关的任务，见表 5-1。

二、ABB 机器人基本操作

1. ABB 机器人的连接

（1）连接 FlexPendant

① 在控制器上找到 FlexPendant 插座连接器。

表 5-1 FlexPendant 和 RobotStudio Online 的使用

序号	操作	功能	设备
1	基本控制	启动控制器	控制器前面板上的电源开关
		重启控制器	FlexPendant、RobotStudio Online 或控制器前面板上的电源开关
		关闭控制器	控制器前面板或 FlexPendant 上的电源开关，点击重新启动，然后点击高级
2	运行和控制机器人程序	移动机器人	FlexPendant
		启动或停止机器人程序	FlexPendant 或 RobotStudio
		启动和停止后台任务	RobotStudio Online
3	与控制器通信	确认事件	FlexPendant
		查看和保存控制器的事件日志	RobotStudio Online 或 FlexPendant
		将控制器软件备份到计算机或服务器的文件中	RobotStudio Online 或 FlexPendant
		将控制器软件备份到控制器的文件中	FlexPendant
		在控制器与网络驱动器之间传输文件	RobotStudio Online 或 FlexPendant
4	机器人编程	灵活创建或编辑机器人程序。适用于带有大量逻辑、I/O 信号或动作指令的复杂编程	RobotStudio Online 用于创建程序结构和大部分的源代码；FlexPendant 用于储存机器人位置，以及对程序进行最终调整 RobotStudio Online 具有以下编程优点： ①针对 RAPID 代码优化的文本编辑器，带自动文本功能，以及指令和参数的工具提示功能 ②具有程序错误标识功能的程序检查 ③配置和 I/O 编辑操作简单
		为创建或编辑机器人程序提供有力支持。适用于主要由动作指令构成的程序	FlexPendant FlexPendant 具有以下优点： ①指令选择列表 ②编程时可进行程序检查和调试 ③可在编程的同时创建机器人位置
		添加或编辑机器人位置	FlexPendant
		修改机器人位置	FlexPendant
5	配置机器人的系统参数	编辑系统运行参数	RobotStudio Online 或 FlexPendant
		系统参数另存为配置文件	
		将配置文件中的系统参数载入运行系统	
		加载校准数据	
6	创建、修改和安装系统	创建或修改系统	RobotStudio Online 和 RobotWare 及有效的 RobotWare 密钥
		在控制器上安装系统	RobotStudio Online
		从 USB 内存安装系统到控制器上	FlexPendant
7	校准	校准基座	FlexPendant
		校准工具、工件等	

② 插入 FlexPendant 电缆连接器。

③ 顺时针旋转连接器的锁环，将其拧紧。

(2) 断开 FlexPendant

① 完成所有需要连接 FlexPendant 的当前活动（例如路径调整、校准、修改程序）。

② 关闭系统。如果在没有关闭系统时断开 FlexPendant，系统会进入紧急停止状态。

③ 逆时针拧松连接器电缆计数器。

④ 将 FlexPendant 与机器人系统分别存储。

(3) 将 PC 机连接到服务端口

① 确保要连接的计算机上的网络设置正确无误。

计算机必须设置为“自动获取 IP 地址”或按照“引导应用程序”中服务计算机信息的说明设置。

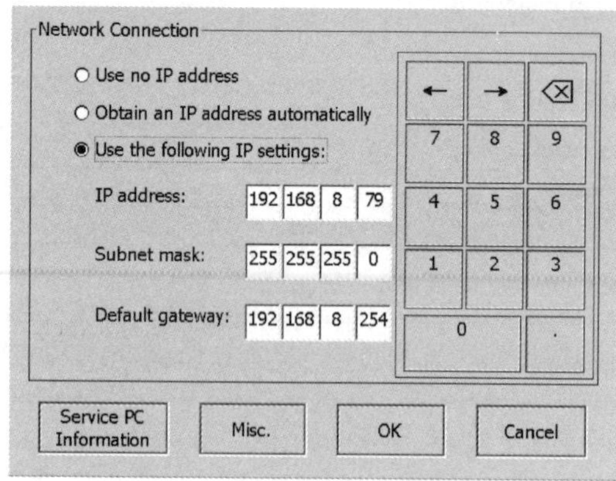

图 5-10 网络连接对话框图

② 使用带 RJ45 连接器的 5 类以太网跨接引导电缆。

③ 将网络电缆连接到 PC 机的网络端口。

④ 将引导电缆连接至控制模块前端的服务端口。

附注：如本步骤所述，服务端口只能用于直接连接 PC 机；不要将其连接到 LAN（局域网），因为 DHCP 服务器会对连接至 LAN 的所有单元自动分配 IP 地址。

(4) 设置网络连接

网络连接对话框如图 5-10 所示。

设置网络连接步骤如下：

① 执行 X- 启动进入引导应用程序。

② 在引导应用程序中，点击设置。显示网络连接对话框。

③ 如果选择不使用 IP 地址，请点击不使用 IP 地址。否则，继续执行以下步骤！

④ 如果选择自动获取 IP 地址，请点击自动获取自动获取 IP 地址。否则，继续执行以下步骤！

⑤ 如果选择使用固定 IP 地址，请选定 ◉ Use the following IP settings:，输入 IP 地址、子网掩码和默认网关。

⑥ 点击“OK”保存设置。

⑦ 在引导应用程序中，点击“Restart Controller”，重新启动控制器并使用新设置。

2. ABB 机器人的基本操作

(1) 启动系统

系统启动操作步骤见表 5-2。

表 5-2 系统启动操作步骤

序号	操 作	说 明
1	接通电源	使用控制模块上的主开关
2	如果用备件替换控制器或操纵器，应确保正确更新校准值、转数计数器和序列号	通常只有转数计数器需要更新
3	执行 X- 启动 启动“引导应用程序”	仅当机器人系统连接至网络时才执行此步骤
4	使用引导应用程序执行以下操作： ①设置控制器机柜的 IP 地址 ②设置网络连接 ③选择系统 ④重新启动系统	仅当机器人系统连接至网络时才执行此步骤

续表

序号	操　　作	说　　明
5	通过服务端口或使用网络将控制器连接到计算机	
6	在计算机上安装 RobotStudio Online	
7	重启控制器	
8	现在机器人系统就可以开始操作了	

(2) 微动控制

微动控制基本操作见表 5-3。

表 5-3 微动控制基本操作

序号	名称	操　　作	说　　明
1	选择机械单元	① 在 ABB 菜单选择"微动控制" ② 点击"机械单元"窗口(可用机械单元列表显示) ③ 点击要进行微动控制的机械单元,再点击"确定",菜单可更加便捷地在机械单元之间进行切换 注:在选择另一单元之前将一直处于"选定的机械单元",即使您关闭了"微动控制"	每个可微动控制的机械单元均在机械单元列表中列出 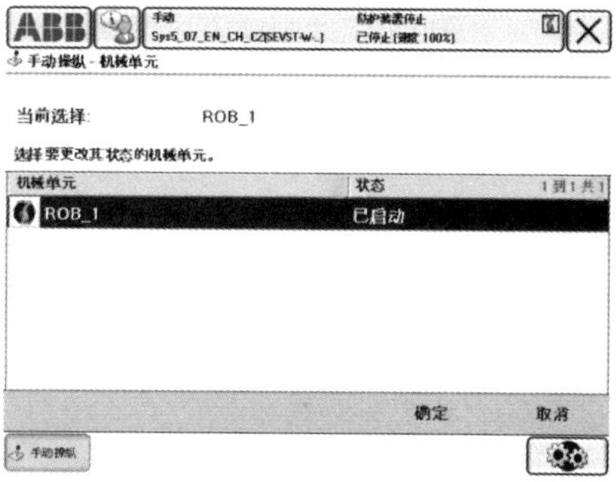 当返回并继续微动控制该机械单元时,所有的微动控制属性都将被保存和恢复
2	选择动作模式	① 点击 ABB 菜单"微动控制"模式 ②点击"动作" ③选择所需模式,然后点击"确定"	控制杆方向的含义取决于选定的动作模式 线性：操纵杆方向 X Y Z 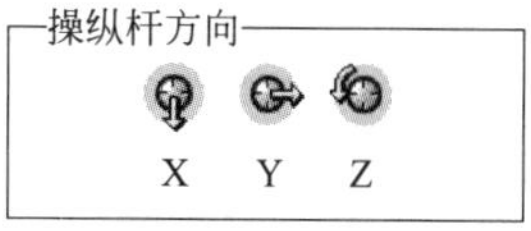 轴 1～3：操纵杆方向 2 1 3 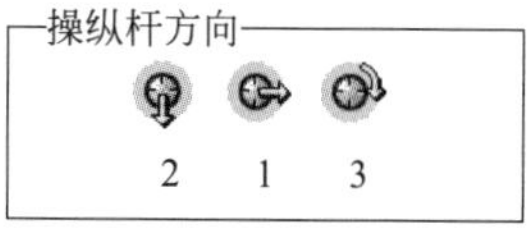 轴 4～6：操纵杆方向 5 4 6 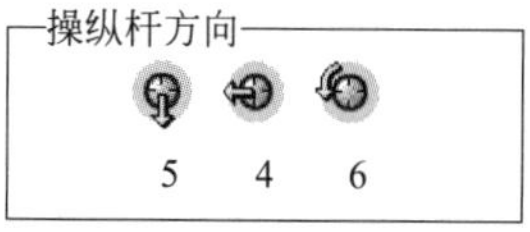 重定向：操纵杆方向 X Y Z 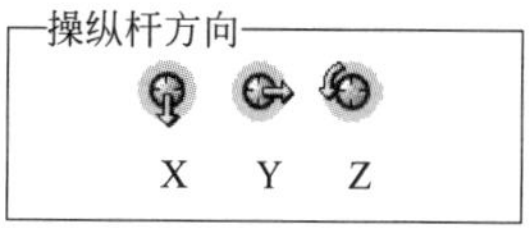

续表

序号	名称	操　　作	说　　明
3	选择工具、工件和有效载荷	① 在ABB中点击“微动控制”模式 ②点击“工具”，显示可用工具、工件或有效载荷列表。“工件”“有效载荷”显示可用工具、工件或有效载荷列表 ③点击选定的工具、工件或有效载荷，然后点击“确定”	如果没有选择合适的工具、工件或有效载荷，当进行微动控制或在生产过程中运行该程序时，很可能会出现过载错误/定位错误
4	设置工具方向	①在ABB中点击“微动控制”模式 ② 点击“动作模式中的重定向”菜单，可更加便捷地选择微动控制模式，按下“确定” ③按住使动装置，启动机械单元电动机，移动控制杆改变工具的方向	当将工具中心点微调至特定位置（例如工具操作起始点）时，在大多数情况下需要设置工具方向。设置工具方向后，将继续以线性动作进行微动控制，以完成路径和所需操作
5	逐轴微动控制	①在ABB菜单选择相应的轴 ②点击“动作模式”，然后选择相应的轴 ③点击“确定”完成 ④按下使动装置，微动控制轴	以下操作需要采用逐轴微动控制： ①将机械单元移出危险位置 ②将机器人移出奇点 ③定位机器人轴，以便进行校准
6	以基坐标进行微动控制	①在ABB菜单中点击“微动控制”，查看微动控制属性 ②点击“运动模式”，然后点击“线性”，再点击“确定”（如果您之前已选择线性动作，则无需执行此步骤） ③点击“坐标系中的基坐标”菜单（可更加便捷地选择微动控制模式），按下“确定” ④按住使动装置，启动操控电动机 ⑤移动控制杆，机械单元将随之移动	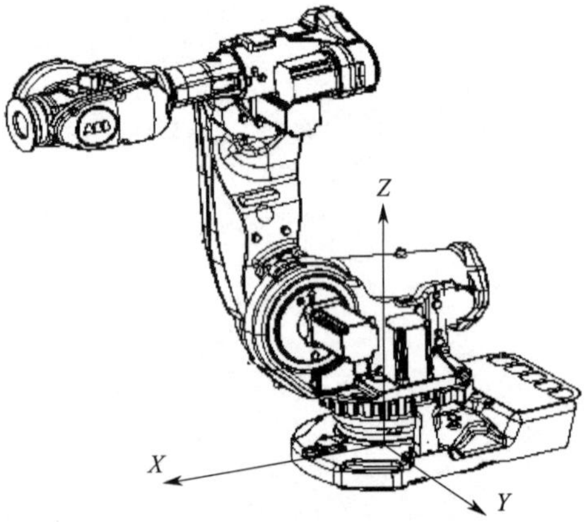 基坐标
7	以大地坐标系进行微动控制	①在ABB菜单中点击“微动控制”，查看微动控制属性 ②点击“运动模式”，然后点击“线性”，再点击“确定”（如果您之前已选择线性动作，则无需执行此步骤） ③点击“坐标系中的大地坐标”菜单 ④按住使动装置，启动操控电动机 ⑤移动控制杆，机械单元将随之移动	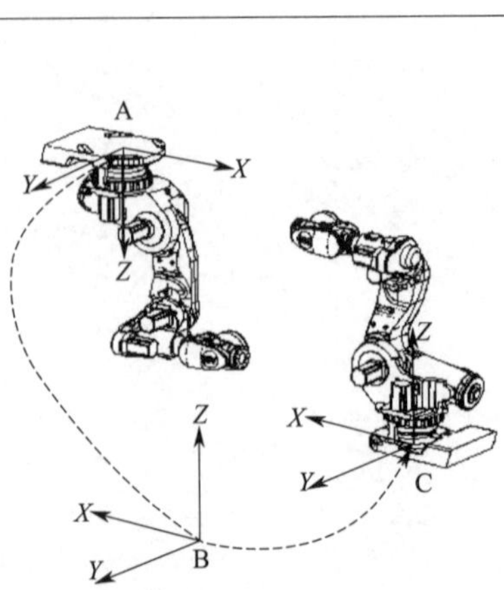 A,C—基坐标系；B—大地坐标系

续表

序号	名称	操　作	说　明
8	以工件坐标进行微动控制	①在 ABB 菜单中点击“微动控制”，查看微动控制属性 ②点击“运动模式”，然后点击“线性”选择工件，再点击“确定”（如果您之前已选择线性动作，则无需执行此步） ③选择“工件” ④点击“坐标系” ⑤按住使动装置，启动操控电动机 ⑥移动控制杆，机械单元将随之移动	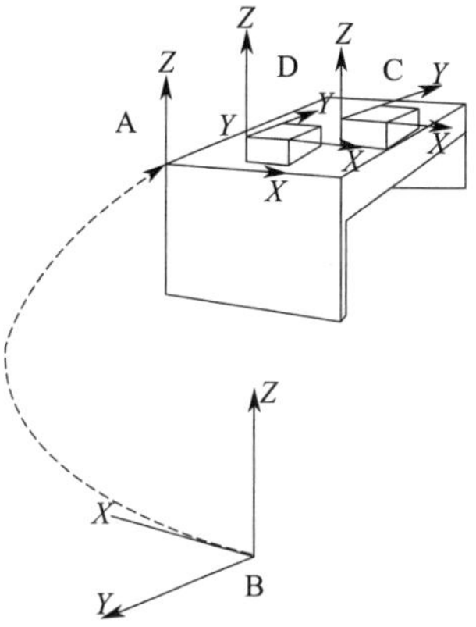 A—用户坐标系；B—大地坐标系； C，D—工件坐标系
9	以工具坐标系进行微动控制	①在 ABB 菜单中点击“微动控制” ②点击“动作模式”，然后点击“线性”，再点击“确定”（如果您之前已选择线性动作，则无需执行此步骤） ③选择合适的工具，如果使用固定工具，请同时选择合适的工件（如果您之前已选择工具和/或工件，则无需执行此步骤） ④点击“坐标系” ⑤按住使动装置，启动机械单元电动机 ⑥移动控制杆，机械单元将随之移动	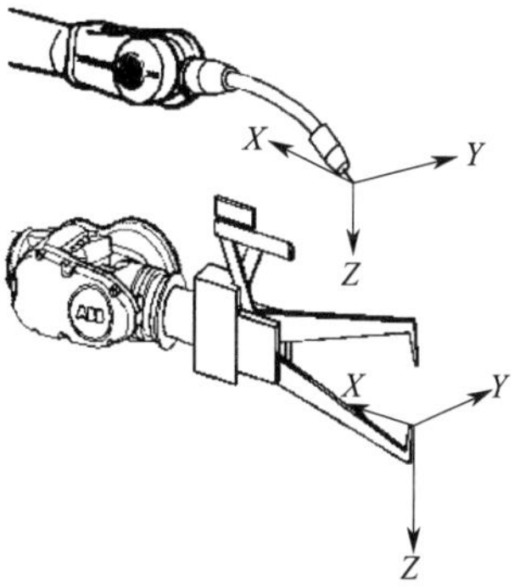 工具坐标系将工具中心点设为零位。它会由此定义工具的位置和方向。工具坐标系通常缩写为 TCP（Tool Center Point，工具中心点）或 TCPF（Tool Center Point Frame，工具中心点框架）
10	在特定方向锁定控制杆	锁定： ①在 ABB 菜单中点击“微动控制” ②点击“控制杆锁定” ③点击需要锁定的轴或控制杆轴（每点击一次，轴就会在锁定和解锁之间切换一次） ④点击“确定”，将轴锁定 解锁： ①在 ABB 菜单中点击“微动控制” ②点击“控制杆锁定” ③点击“无”，再点击“确定”	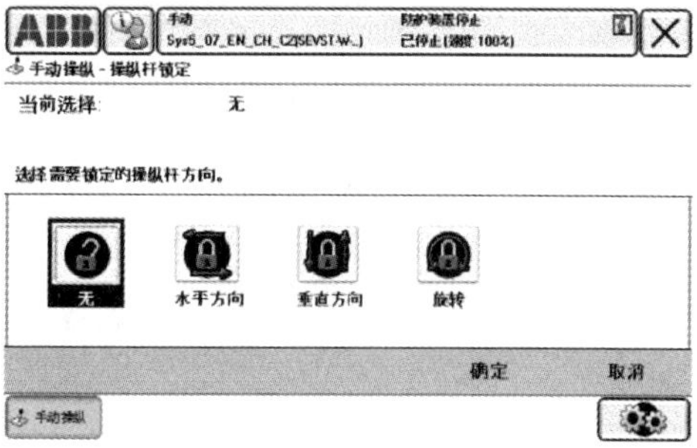

续表

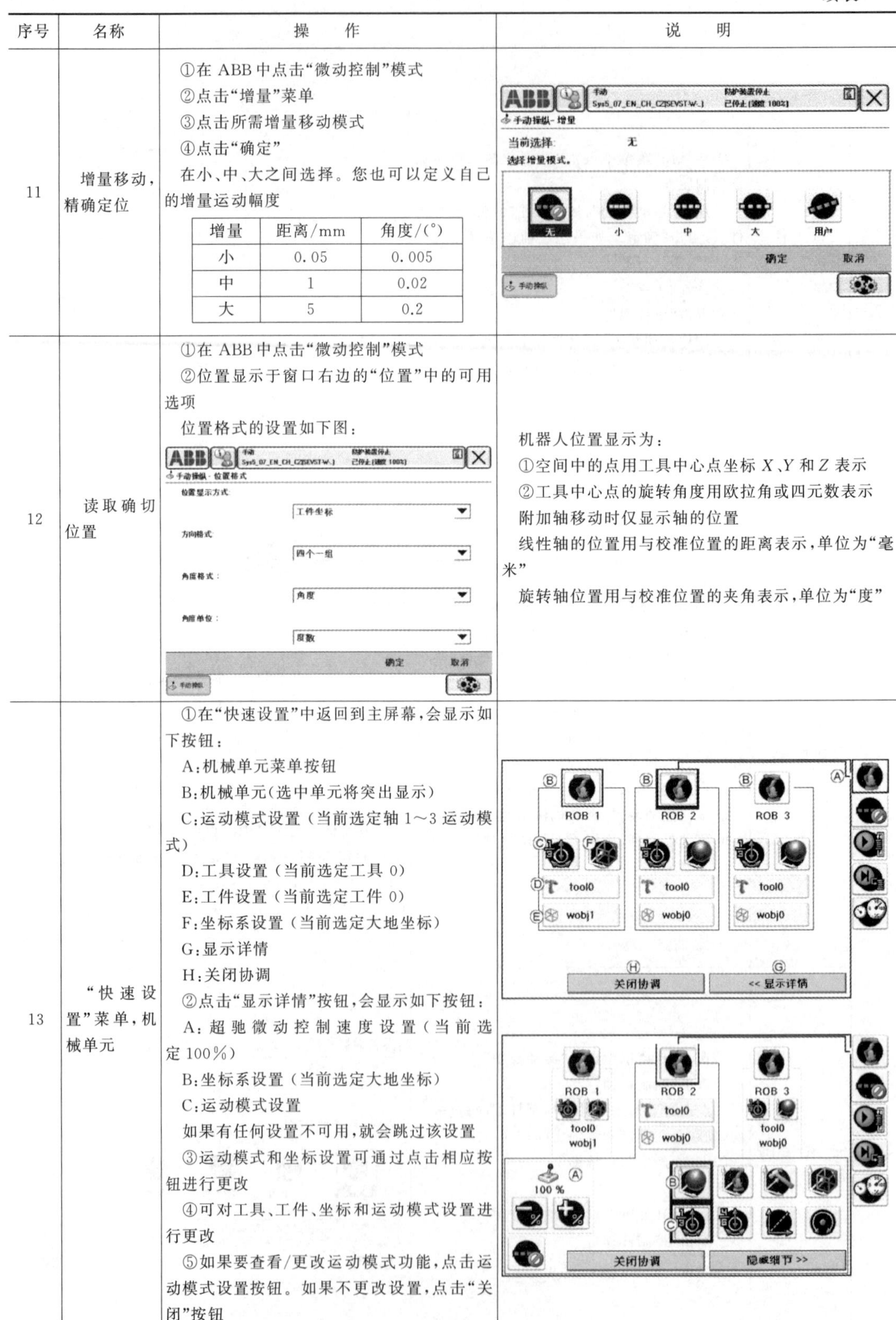

序号	名称	操　　作	说　　明
11	增量移动，精确定位	①在ABB中点击“微动控制”模式 ②点击“增量”菜单 ③点击所需增量移动模式 ④点击“确定” 在小、中、大之间选择。您也可以定义自己的增量运动幅度 <table><tr><th>增量</th><th>距离/mm</th><th>角度/(°)</th></tr><tr><td>小</td><td>0.05</td><td>0.005</td></tr><tr><td>中</td><td>1</td><td>0.02</td></tr><tr><td>大</td><td>5</td><td>0.2</td></tr></table>	
12	读取确切位置	①在ABB中点击“微动控制”模式 ②位置显示于窗口右边的“位置”中的可用选项 位置格式的设置如下图：	机器人位置显示为： ①空间中的点用工具中心点坐标 X、Y 和 Z 表示 ②工具中心点的旋转角度用欧拉角或四元数表示 附加轴移动时仅显示轴的位置 线性轴的位置用与校准位置的距离表示，单位为“毫米” 旋转轴位置用与校准位置的夹角表示，单位为“度”
13	“快速设置”菜单，机械单元	①在“快速设置”中返回到主屏幕，会显示如下按钮： A：机械单元菜单按钮 B：机械单元（选中单元将突出显示） C：运动模式设置（当前选定轴1～3运动模式） D：工具设置（当前选定工具0） E：工件设置（当前选定工件0） F：坐标系设置（当前选定大地坐标） G：显示详情 H：关闭协调 ②点击“显示详情”按钮，会显示如下按钮： A：超驰微动控制速度设置（当前选定100%） B：坐标系设置（当前选定大地坐标） C：运动模式设置 如果有任何设置不可用，就会跳过该设置 ③运动模式和坐标设置可通过点击相应按钮进行更改 ④可对工具、工件、坐标和运动模式设置进行更改 ⑤如果要查看/更改运动模式功能，点击运动模式设置按钮。如果不更改设置，点击“关闭”按钮	

续表

序号	名称	操作	说明
13	“快速设置”菜单，机械单元	会显示如下按钮： A：轴1～3动作模式 B：轴4～6动作模式 C：线性动作模式 D：重定向动作模式 E：关闭动作模式设置 ⑥如果要查看/更改可用工具，点击工具设置按钮。如果不更改设置，请点击“关闭”显示增量值 ⑦如果要查看/更改可用工件，点击工件设置按钮 ⑧如果您要查看/更改坐标系功能，点击坐标系设置按钮 会显示如下按钮： 大地坐标系 基坐标系 工具坐标系 工件坐标系	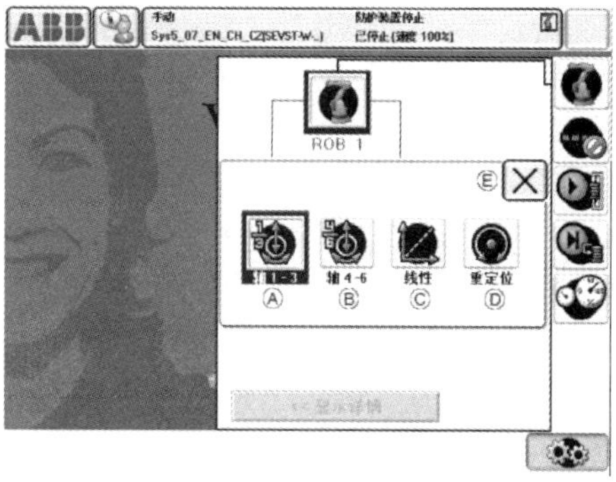 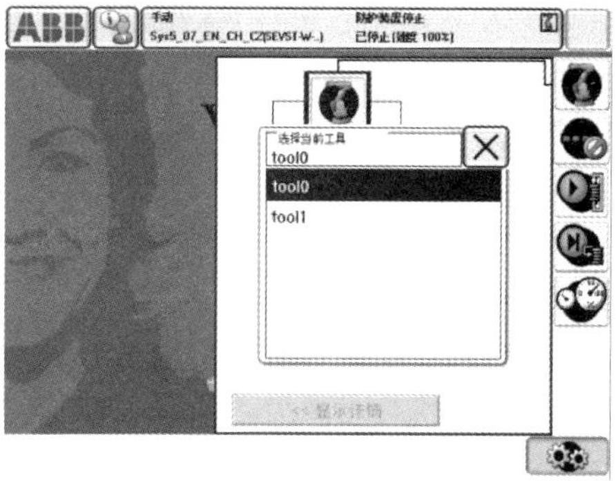 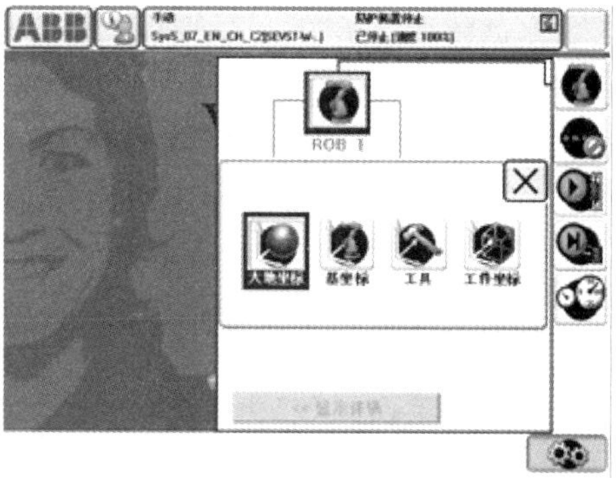
14	“快速设置”菜单，增量	如果要查看/更改增量功能，点击“增量”按钮 点击选择增量尺寸： 无增量 小幅运动增量 中幅运动增量 大幅运动增量 用户使用由其定义的运动增量。	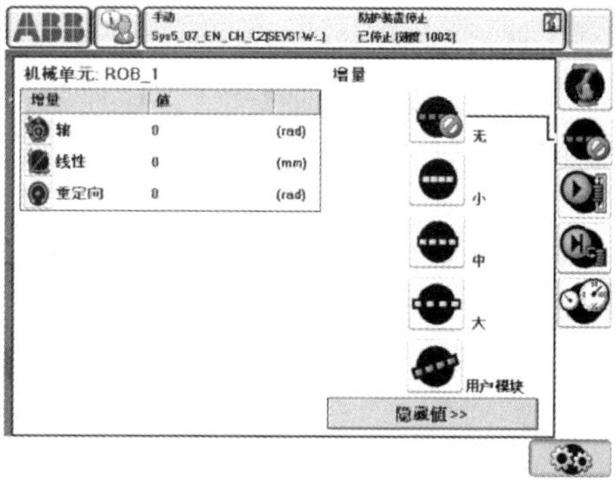

普通操纵器的六根常规轴可利用表 5-3 中序号 10 所示控制杆的三个方向进行手动微动控制。

(3) RAPID 程序操作

创建、保存、编辑和调试 RAPID 程序时需要执行的步骤如下：

① 创建 RAPID 程序。

② 编辑程序。

③ 要简化编程并对程序有一个总体认识，可将程序分为多个模块。

④ 要进一步简化编程，可将模块分为多个例行程序。

⑤ 在编程过程中，您可能需要处理以下因素：工具、工件、有效载荷。

⑥ 程序执行可基于以上指定的几个因素自动置换，以更好地适应某些因素，如不断磨损的工具等。

⑦ 为了处理程序执行中可能发生的潜在错误，可能需要创建错误处理器。

⑧ 完成实际的 RAPID 程序后，在投入生产之前还需要对它进行测试。

⑨ 试运行 RAPID 程序后，可能需要做出改变，可能要修改或调节编程位置、TCP 位置或路径。

⑩ 可删除不再需要的程序。

使用现有的 RAPID 程序的步骤如下：

① 加载现有程序。

② 启动程序执行时，可以选择运行一次程序或连续运行程序。

③ 程序执行完成后，程序可能会停止运行。

(4) 使用输入和输出

设置输出、读取输入和配置 I/O 单元所需的主要步骤如下：

① 创建新的 I/O。

② 使用任何输入或输出之前，必须将系统配置为启用 I/O 功能。

③ 可以为特定的“数字输出”设值。

④ 可以为特定的“模拟输出”设值。

⑤ 可以查看特定“数字输出”状态。

⑥ 可以查看特定“拟输出”的状态。

⑦ 安全信号。

⑧ 编辑 I/O。

(5) 备份与恢复

备份系统界面如图 5-11 所示，步骤如下：

① 点击 ABB 执行选定目录的备份。这样就创建了一个按照当前日期命名的备份文件。

② 点击“备份当前系统”。这样就创建了一个按照当前日期命名的备份文件夹。屏幕显示选定路径。

③ 所显示备份路径是否正确？

如果“ 是 ”：点击备份菜单中备份。

如果“ 否 ”：点击 备份 路径右侧的“…”备份。

恢复系统界面如图 5-12 所示，步骤如下：

① 在 ABB 菜单中执行恢复。恢复执行后，系统自动热启动。

② 点击“恢复系统”。屏幕显示选定路径。

ABB 手动 Sys5_07_EN_CH_CZ(SEVST-W-..) 防护装置停止 已停止(速度 100%)

备份当前系统

点击"备份"将所有模块和系统参数
保存到选定的文件夹。

备份文件夹:
Backup_20060213
备份路径:
C:/Data/Sys5_07_EN_CH_CZ/BACKUP/
备份将被创建在:
C:/Data/Sys5_07_EN_CH_CZ/BACKUP/Backup_20060213/

备份 取消

备份恢复

图 5-11 备份操作画面图

③ 所显示备份文件夹是否正确?

如果"是":请点击"恢复"执行恢复。

如果"否":请点击备份文件夹右侧的"…",然后选择目录,再点击"恢复"。

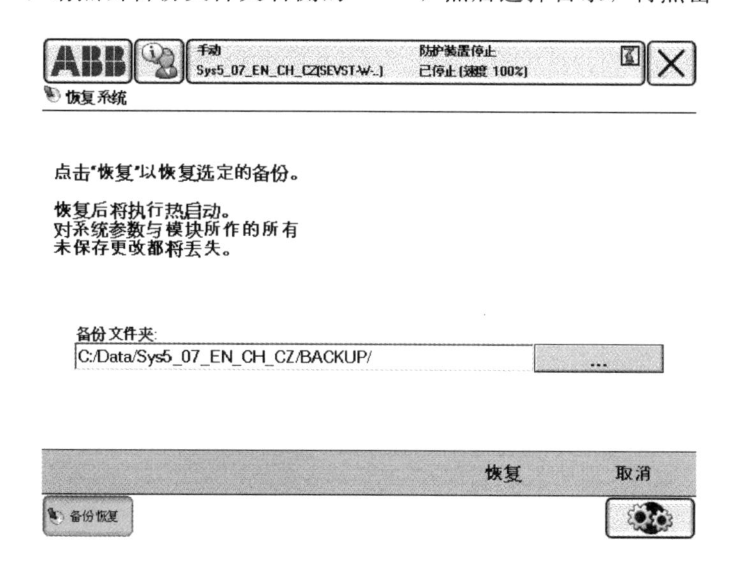

图 5-12 恢复操作画面图

(6) 在生产模式下运行

在自动模式(生产模式)下运行系统时需要执行的主要步骤如下:

① 启动系统。

② 如果系统采用了UAS(用户授权系统),用户必须在启动操作之前登录系统。

③ 加载程序。

④ 启动系统之前，选择在 FlexController 上启动的模式。

⑤ 按下 FlexPendant 上的“（启动）”按钮启动系统。

⑥ 控制器系统通过 FlexPendant 屏幕上显示的消息与操作员进行通信。

⑦ 在手动模式下，“修改位置”功能允许操作员对 RAPID 程序中的机器人位置进行调整。HotEdit 功能允许操作员对自动模式和手动模式下的编程位置进行调整。

⑧ 在生产过程中需要停止机器人的动作。

⑨ 可以通过“运行时窗口”监控进行中的过程。

⑩ 用户在结束操作时应注销。

（7）对 RobotStudio Online 授权

控制器一次只接受一个拥有写访问权限的用户。RobotStudio Online 用户可以请求对系统进行写访问。如果系统正在手动模式下运行，则该请求由 FlexPendant 接受或拒绝。授予 RobotStudio Online 访问权限的步骤如下：

① 当 RobotStudio Online 用户请求访问权限时，FlexPendant 会显示一条消息。决定授予或拒绝访问权限。如果要授予访问权限，请点击“授权”。用户持有写访问权限，直到自行断开连接或您拒绝访问。如果要拒绝访问，请点击“拒绝”。

② 如果您已授予访问权限，现在想撤销该访问权限，请点击“拒绝”。

（8）升级

此处的“升级”是指更换硬件，例如用新电路板取代旧电路板，以及加载新版软件。升级类型：

① 更换新电路板（例如总线、I/O 电路板）时，系统将自动更新该单元。更新过程中，系统可能会重新启动几次。千万不要关闭系统或以任何其他方式中断该自动过程。

② 以机械方式升级机器人或控制器。

③ 升级系统软件，为了反映添加的组件，必须对系统进行更改。可能需要新许可证密钥。

（9）安装软件选项

RobotStudio 提供以下安装选项：

① 最小化安装：仅安装为了设置、配置和监控通过以太网相连的真实控制器而所需的功能。

② 完整安装：安装运行完整 RobotStudio 所需的所有功能。选择此安装选项，您可以使用基本版和高级版的所有功能。

③ 自定义安装：安装用户自定义的功能。选择此安装选项，可以不安装不需要的机器人库文件。

（10）关闭

关闭系统和电源：

① 终止所有正在运行的程序。

② 使用 FlexController 上的“开启/关闭”开关，或点击 FlexPendant 上的 ABB 菜单—“重新启动”—“高级”—“关机”。

③ 系统关闭后，将 FlexPendant 拔下并存放好。

（11）故障排除的常规步骤

机器人系统的故障分为两类：内置诊断系统可检测的故障；内置诊断系统不可检测的故障。控制系统中带有诊断软件，以简化故障排除并缩短停机时间，而诊断系统检测到的错误会以明语显示在 FlexPendant 上，并包含代码编号。故障排除的常规步骤如下：

① 阅读 FlexPendant 上显示的故障消息并依照指示操作。

② FlexPendant 上提供的信息足以排除故障吗？

如果可以，则排除故障并恢复操作。

如果不能，则继续以下步骤。

③ 如果故障与 LED 有关，则检查单元上的 LED。

④ 如果故障与缆线有关，则借助电路图检查缆线。

⑤ 如果需要，请参阅修理说明，替换、调整或修复上述部件。

诊断系统无法检测的故障，需要用其他的方法进行处理。在很大程度上，故障的类型取决于观察故障迹象的方式。

任务实施

一、机器人分类储存单元的机械安装

机器人分类储存单元的机械安装，分为机器人的固定，接料装置的组装及固定，储料装置的组装及固定，气动元件、电器元件的安装等，平台器件位置如图 5-13 所示。

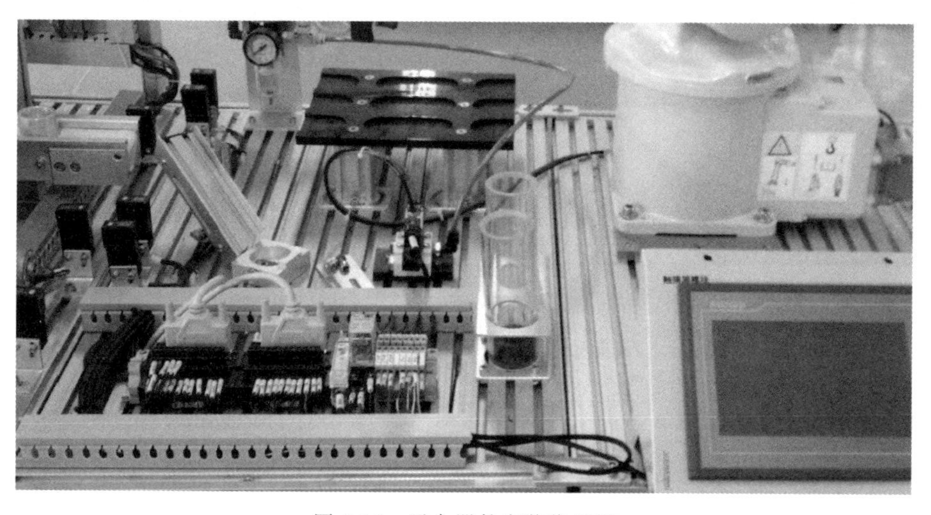

图 5-13 平台器件安装位置图

1. 接料装置的安装

接料装置由工件滑落导板（侧面装有护板）、导板支架、接料槽、光线传感器组成，如图 5-14 所示。组装步骤如下：

① 组装工件滑落导板；

② 组装导板支架；

③ 导板支架固定到平台上；

④ 接料槽固定到平台上；

⑤ 安装光线传感器；

⑥ 调整机械位置，使工件能滑落到料槽中。

图 5-14　接料装置组成图

2. 料盘、料仓的安装

料仓由透明塑料料桶和料仓座组成，通过料仓座固定到平台上；料盘由 2 块有导槽的塑料板和 4 个固定架组成，固定架连接到平台上。料盘、料仓如图 5-15 所示。

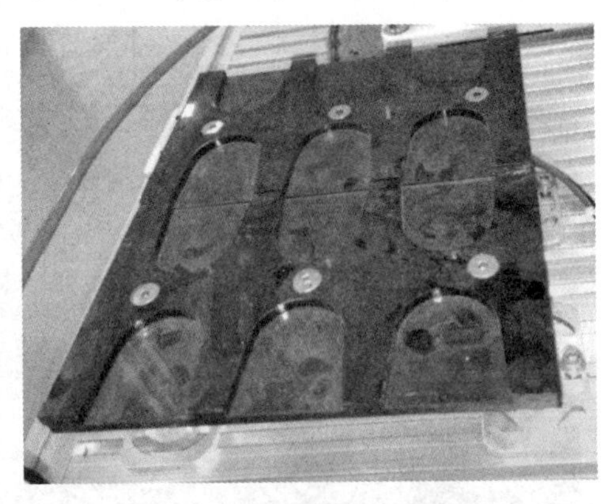

图 5-15　料盘、料仓组成图

3. 气路二联体的安装

气路二联体通过连接支架和固定支架，安装到供料台面上的边缘，安装效果如图 5-16 所示。

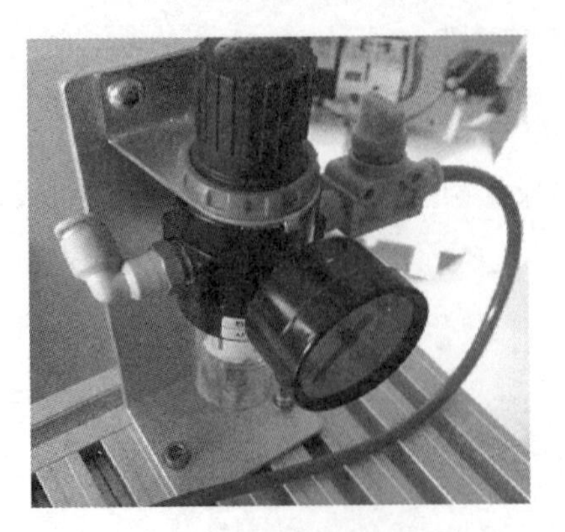

图 5-16　二联体安装效果图

图 5-17　电磁阀组安装效果图

4. 电磁阀组的安装

电磁阀组安装在摆缸传送装置附近，和旋转气缸对齐，效果如图 5-17 所示。

5. 线槽、端子排及光纤传感器的安装

端子排和光纤传感器安装在一条直线上，2 条线槽平行，安装效果如图 5-18 所示。

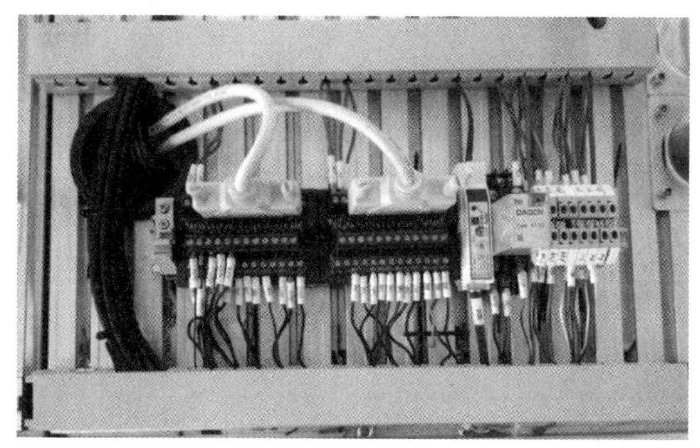

图 5-18　线槽、端子排及光纤传感器安装效果图

二、机器人分类储存单元的气路安装

1. 安装方法

由图 5-2 所示机器人码垛单元的气路安装原理可知，气源接入电磁阀组汇流板的进气口，电磁阀控制手抓气缸，气管连接如图 5-19 所示。

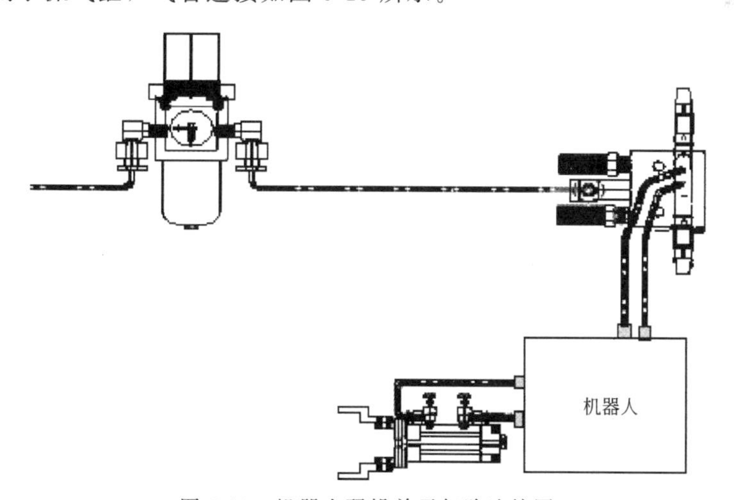

图 5-19　机器人码垛单元气路连接图

2. 安装步骤

① 按照机器人码垛单元气动控制回路安装连接图连接关系，依次用气管将气泵气源输出快速接头与过滤减压阀的气源输入快速接头连接。

② 过滤减压阀的气源输出快速接头与 CP 阀岛上汇流板气源输入的快速接头连接。

③ 将汇流板电磁阀上的快速接头分别用气管连接到机器人下部的快速接头上。

④ 机器人上部的快速接头分别用气管连接到手抓气缸的节流阀。

3. 安装注意事项

① 接入气管时，插入节流阀的气孔后确保不能拉出即可，而且应保证不能漏气。

② 拔出气管时，先要用左手按下节流阀气孔上的伸缩件，右手用小力轻轻拔出即可，切不可直接用力强行拔出，否则会损坏节流阀内部的锁扣环。

③ 连接气路时最好进、出气管用两种不同颜色的气管来连接，方便识别。

④ 气管的连接做到走线整齐、美观，尼龙绑扎距离保持在 4～5cm 为宜。

三、机器人分类储存单元的电路连接

1. 控制柜内部线路

控制柜内部线路见图 5-20、图 5-21。

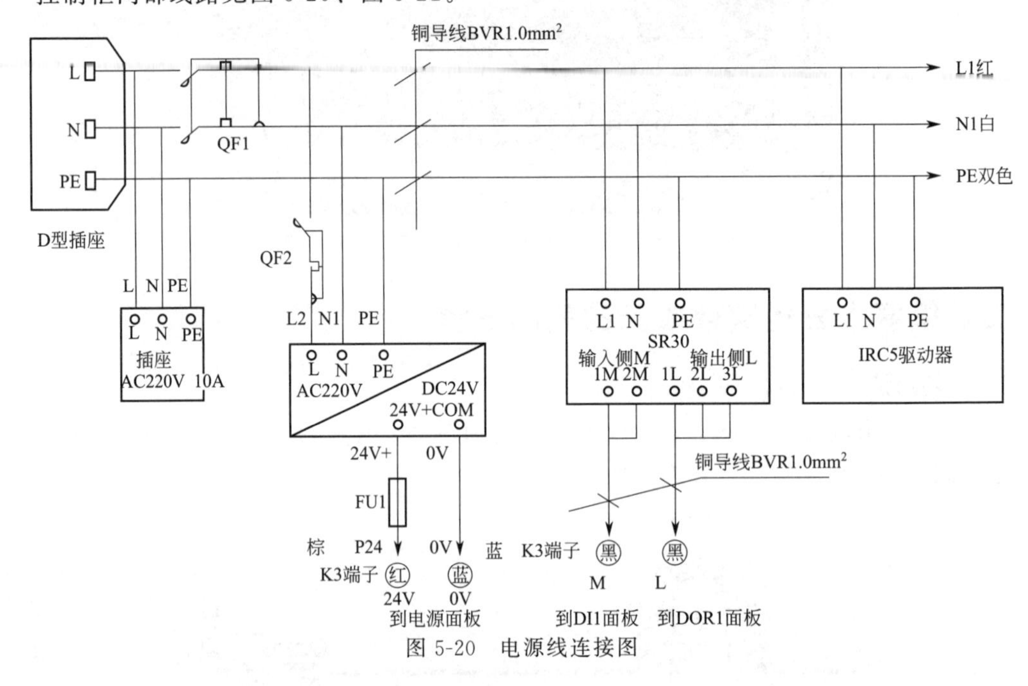

图 5-20 电源线连接图

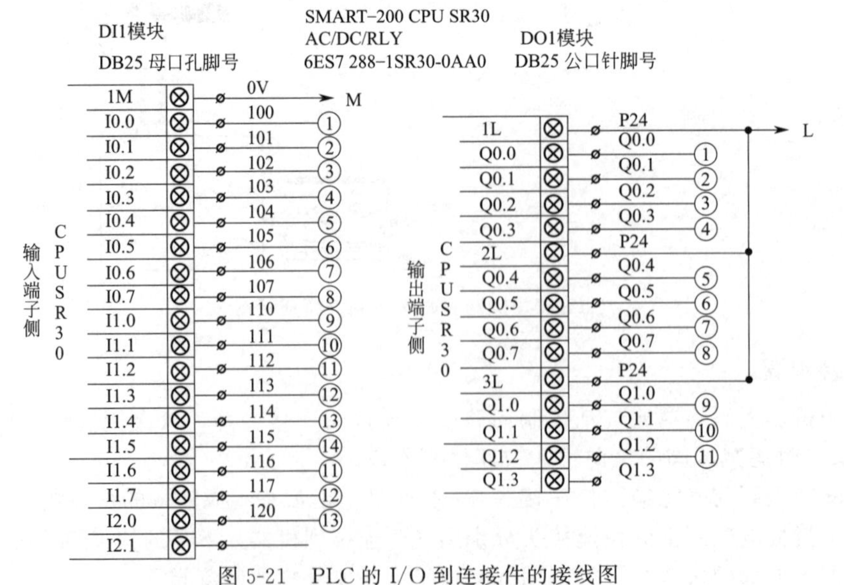

图 5-21 PLC 的 I/O 到连接件的接线图

2. 面板按钮线路

面板按钮线路见图 5-22 和图 5-23。

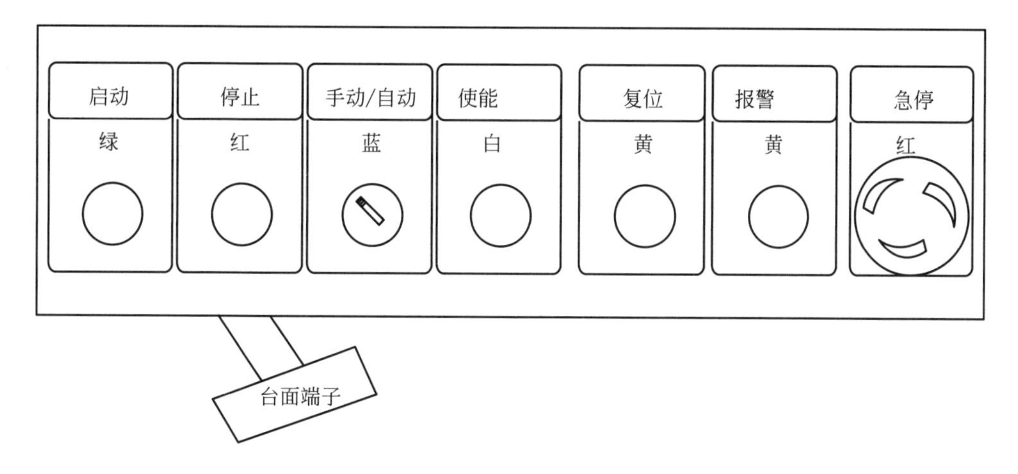

图 5-22　操作面板按钮布置图

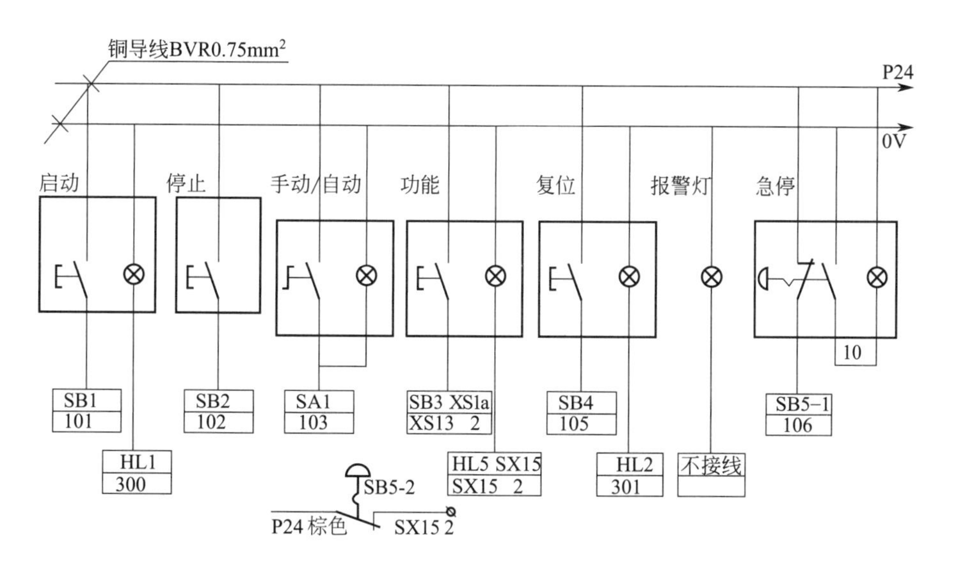

图 5-23　按钮接线图

3. 平台端子线路

平台端子线路见图 5-24～图 5-26。

四、机器人分类储存单元的硬件调试

① 机械：不能松动，运行顺畅。

② 气路：连接正确，运行平稳。

③ 逐个检查 I/O 接口是否正确。

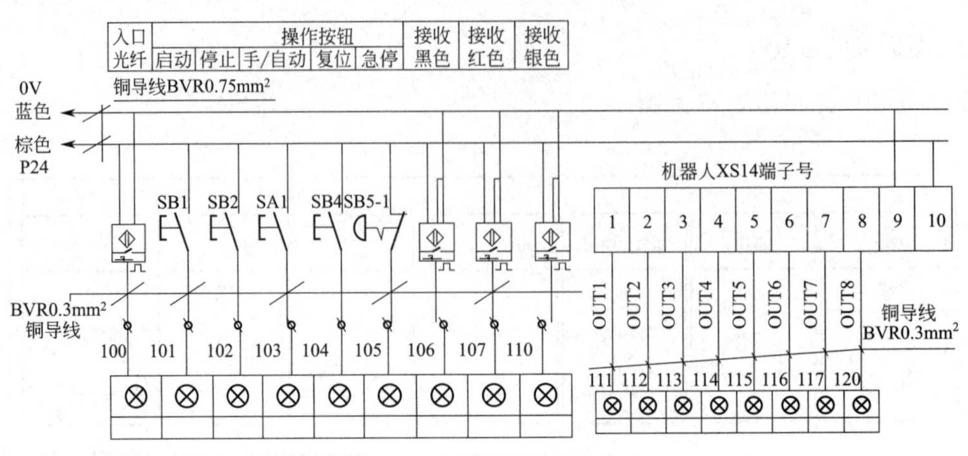

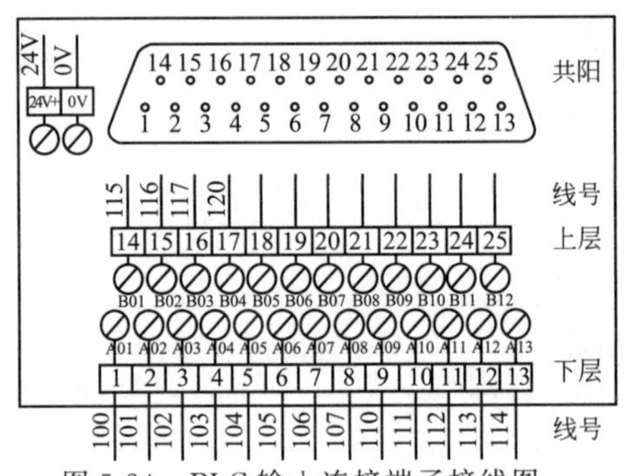

图 5-24 PLC 输入连接端子接线图

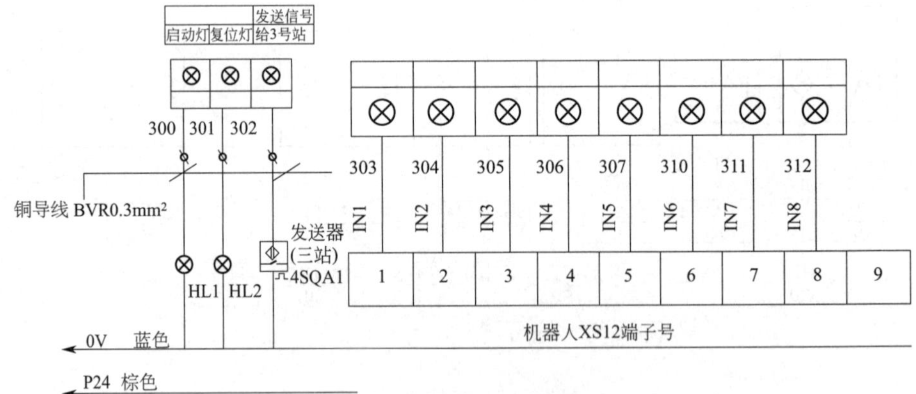

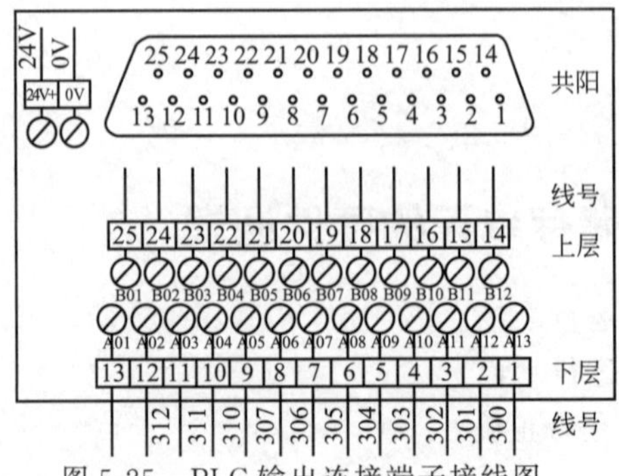

图 5-25 PLC 输出连接端子接线图

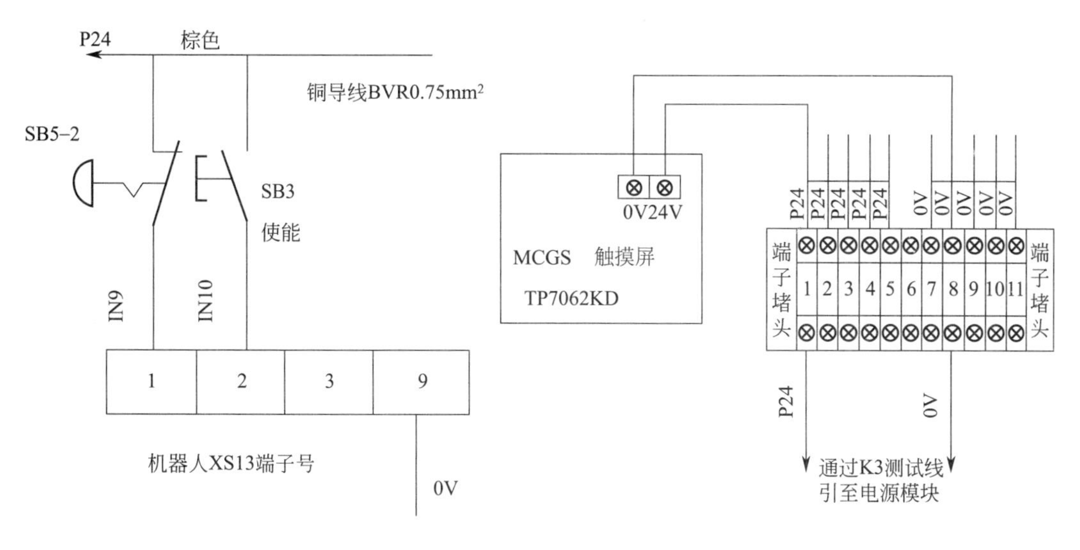

图 5-26　接线端子接线图

五、机器人分类储存单元的程序设计及调试

1. 触摸屏界面

触摸屏界面见图 5-27。

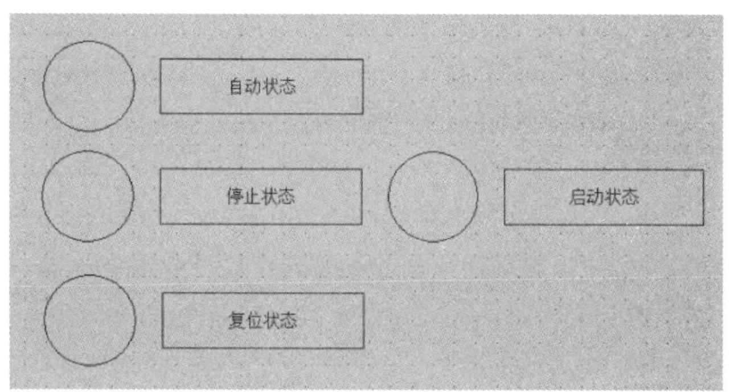

图 5-27　触摸屏界面

2. PLC 的 I/O 分配

PLC 的 I/O 分配见表 5-4。

表 5-4　PLC 的 I/O 分配表

序号	I/O 地址	设备符号	设备名称	设备功能
1	I0.0	SB1	绿色带灯按钮	启动
2	I0.1	SB2	红色带灯按钮	停止
3	I0.2	SA	带灯旋钮	手动/自动切换开关

续表

序号	I/O 地址	设备符号	设备名称	设备功能
4	I0.3	SB4	黄色带灯按钮	复位
5	I0.4	SB5	红色带灯复位按钮	急停
6	I0.5	4SQB1	光电接收器	接收装配单元黑色信号
7	I0.6	4SQB2	光电接收器	接收装配单元红色信号
8	I0.7	4SQB3	光电接收器	接收装配单元银色信号
9	Q0.0	HL1	指示灯	运行指示
10	Q0.1	HL3	指示灯	复位指示
11	Q0.2	43QA1	光电发射器	向装配单元发射信号

3. PLC 程序

(1) 程序流程图

程序流程图见图 5-28。

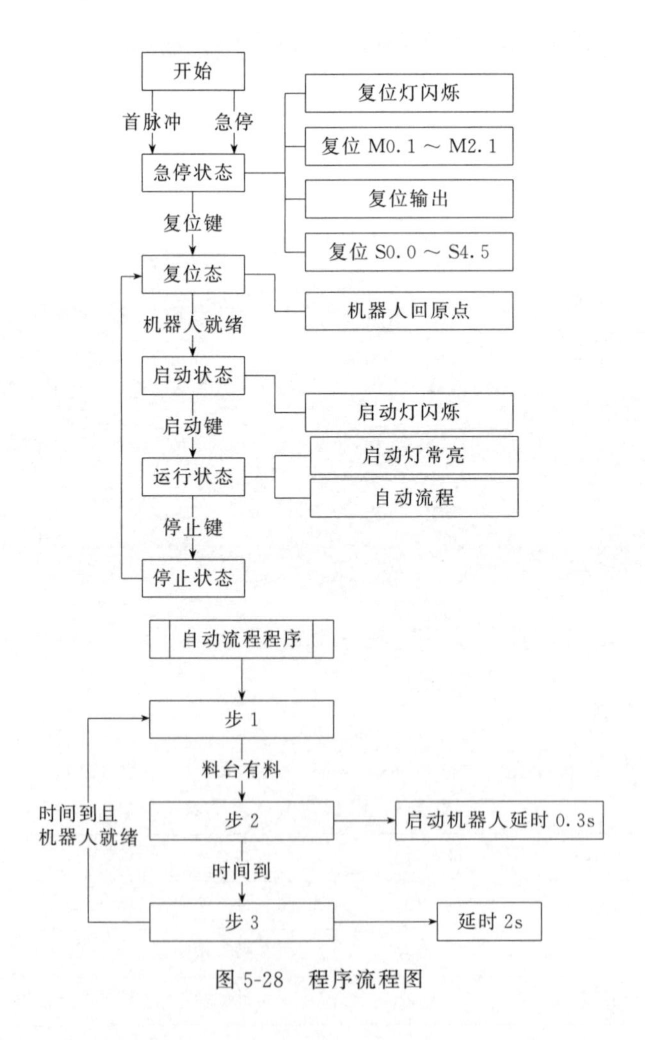

图 5-28 程序流程图

(2) 程序

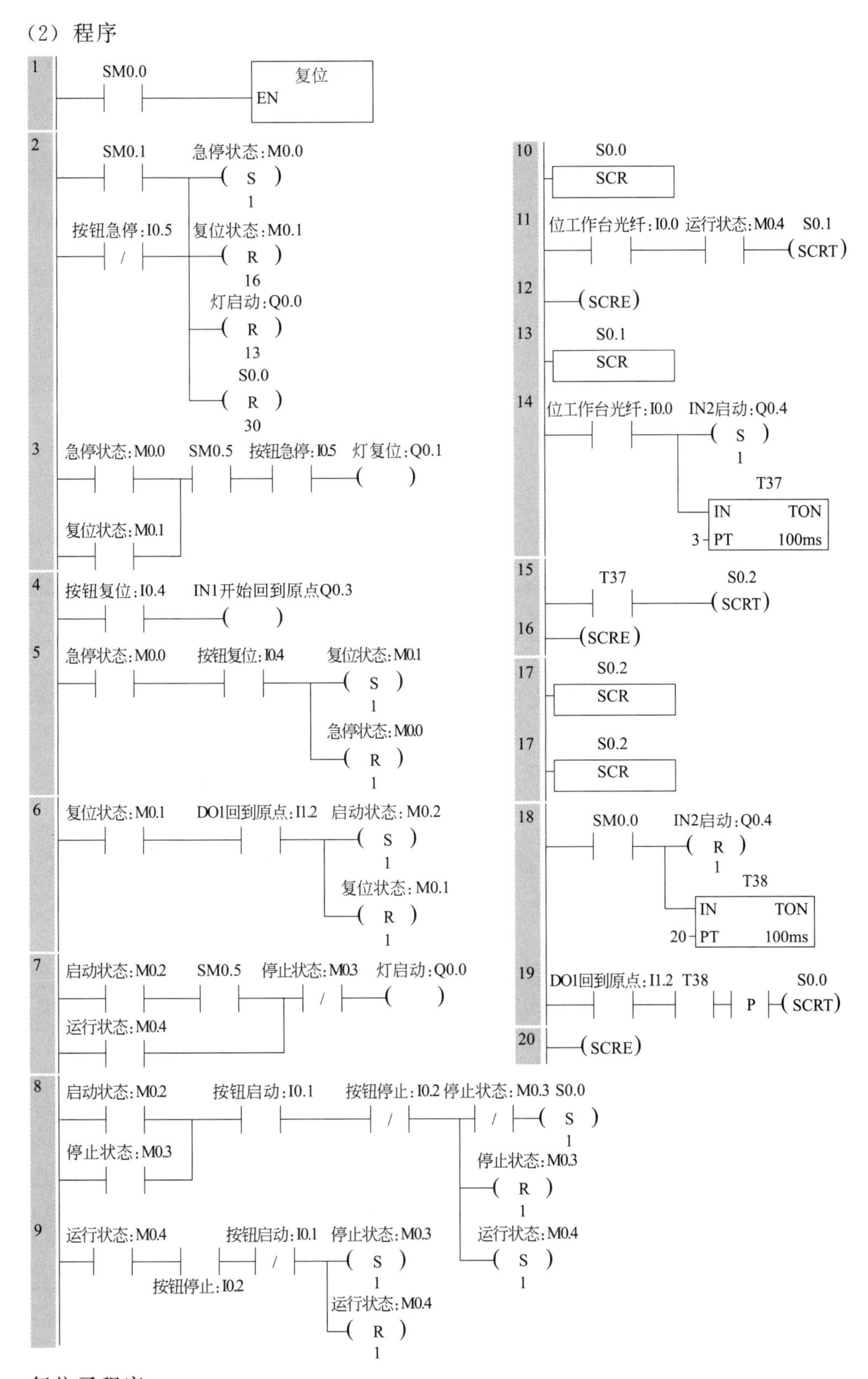
SM0.0
复位
EN
SM0.1
急停状态:M0.0
按钮急停:I0.5
复位状态:M0.1
灯启动:Q0.0
S0.0
急停状态:M0.0
SM0.5
按钮急停:I0.5
灯复位:Q0.1
复位状态:M0.1
按钮复位:I0.4
IN1开始回到原点Q0.3
急停状态:M0.0
按钮复位:I0.4
复位状态:M0.1
急停状态:M0.0
复位状态:M0.1
DO1回到原点:I1.2
启动状态:M0.2
复位状态:M0.1
启动状态:M0.2
SM0.5
停止状态:M0.3
灯启动:Q0.0
运行状态:M0.4
启动状态:M0.2
按钮启动:I0.1
按钮停止:I0.2
停止状态:M0.3
S0.0
停止状态:M0.3
停止状态:M0.3
运行状态:M0.4
按钮启动:I0.1
停止状态:M0.3
运行状态:M0.4
按钮停止:I0.2
运行状态:M0.4
S0.0
SCR
位工作台光纤:I0.0
运行状态:M0.4
S0.1
SCRT
SCRE
S0.1
SCR
位工作台光纤:I0.0
IN2启动:Q0.4
T37
IN
TON
PT
100ms
T37
S0.2
SCRT
SCRE
S0.2
SCR
S0.2
SCR
SM0.0
IN2启动:Q0.4
T38
IN
TON
PT
100ms
DO1回到原点:I1.2
T38
S0.0
SCRT
SCRE

复位子程序

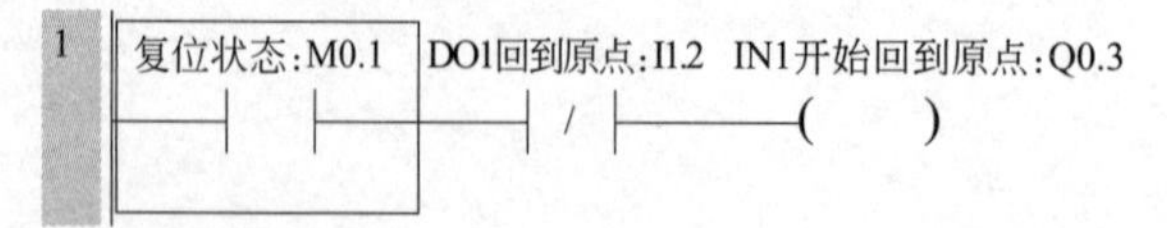

4. 机器人程序

(1) 流程图

流程图见图 5-29。

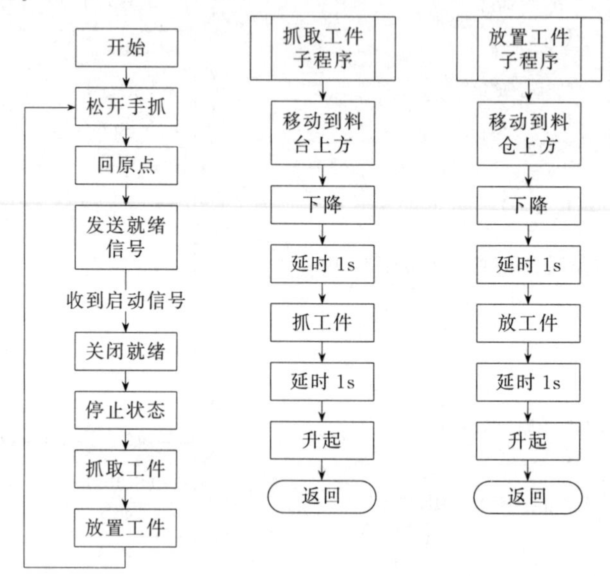

图 5-29 流程图

(2) 参考程序

```
#EIO_SIGNAL:
-Name "D652_10_DI1" -SignalType "DI" -Device "D652_10" -DeviceMap "0"
-Name "D652_10_DI2" -SignalType "DI" -Device "D652_10" -DeviceMap "1"
-Name "D652_10_DI3" -SignalType "DI" -Device "D652_10" -DeviceMap "2"
-Name "D652_10_DI4" -SignalType "DI" -Device "D652_10" -DeviceMap "3"
-Name "D652_10_DI5" -SignalType "DI" -Device "D652_10" -DeviceMap "4"
-Name "D652_10_DI6" -SignalType "DI" -Device "D652_10" -DeviceMap "5"
-Name "D652_10_DI7" -SignalType "DI" -Device "D652_10" -DeviceMap "6"
-Name "D652_10_DI8" -SignalType "DI" -Device "D652_10" -DeviceMap "7"
-Name "D652_10_DI9" -SignalType "DI" -Device "D652_10" -DeviceMap "8"
-Name "D652_10_DI10" -SignalType "DI" -Device "D652_10" -DeviceMap "9"
-Name "D652_10_DI11" -SignalType "DI" -Device "D652_10" -DeviceMap "10"
-Name "D652_10_DI12" -SignalType "DI" -Device "D652_10" -DeviceMap "11"
-Name "D652_10_DI13" -SignalType "DI" -Device "D652_10" -DeviceMap "12"
-Name "D652_10_DI14" -SignalType "DI" -Device "D652_10" -DeviceMap "13"
-Name "D652_10_DI15" -SignalType "DI" -Device "D652_10" -DeviceMap "14"
-Name "D652_10_DI16" -SignalType "DI" -Device "D652_10" -DeviceMap "15"
-Name "D652_10_DO1" -SignalType "DO" -Device "D652_10" -DeviceMap "0"
-Name "D652_10_DO2" -SignalType "DO" -Device "D652_10" -DeviceMap "1"
```

```
    -Name "D652_10_DO3" -SignalType "DO" -Device "D652_10" -DeviceMap "2"
    -Name "D652_10_DO4" -SignalType "DO" -Device "D652_10" -DeviceMap "3"
    -Name "D652_10_DO5" -SignalType "DO" -Device "D652_10" -DeviceMap "4"
    -Name "D652_10_DO6" -SignalType "DO" -Device "D652_10" -DeviceMap "5"
    -Name "D652_10_DO7" -SignalType "DO" -Device "D652_10" -DeviceMap "6"
    -Name "D652_10_DO8" -SignalType "DO" -Device "D652_10" -DeviceMap "7"
    -Name "D652_10_DO9" -SignalType "DO" -Device "D652_10" -DeviceMap "8"
    -Name "D652_10_DO10" -SignalType "DO" -Device "D652_10" -DeviceMap "9"
    -Name "D652_10_DO11" -SignalType "DO" -Device "D652_10" -DeviceMap "10"
    -Name "D652_10_DO12" -SignalType "DO" -Device "D652_10" -DeviceMap "11"
    -Name "D652_10_DO13" -SignalType "DO" -Device "D652_10" -DeviceMap "12"
    -Name "D652_10_DO14" -SignalType "DO" -Device "D652_10" -DeviceMap "13"
    -Name "D652_10_DO15" -SignalType "DO" -Device "D652_10" -DeviceMap "14"
    -Name "D652_10_DO16" -SignalType "DO" -Device "D652_10" -DeviceMap "15"
    -Name "D652_10_GI1" -SignalType "GI" -Device "D652_10" -DeviceMap "2-3"
    -Name "D652_10_GI2" -SignalType "GI" -Device "D652_10" -DeviceMap "5-6"
  MODULE MainModule
  CONST robtarget phome:=[[186.60,-394.66,422.54],
    [0.000277115,0.155683,-0.987334,0.0305531],[-1,-1,-1,0],
    [9E+09,9E+09,9E+09,9E+09,9E+09,9E+09]];
  PROC main()
    AccSet 5, 5;
    Reset D652_10_DO9;
    MoveJ phome, v200, fine, tool0;
    Set D652_10_DO1;
    WaitDI D652_10_DI2, 1;
    Reset D652_10_DO1;
    qlk;
    flt1;
  ENDPROC
ENDMODULE
  PROC qlk()
    MoveL p20, v200, z40, tool0;
    MoveL p30, v200, fine, tool0;
    WaitTime 1;
    Set D652_10_DO9;
    WaitTime 1;
    MoveL p20, v200, z40, tool0;
  ENDPROC
    PROC flt1()
    MoveL p101, v200, z40, tool0;
```

```
    MoveL p102, v200, fine, tool0;
    WaitTime 1;
    Reset D652_10_DO9;
    WaitTime 1;
    MoveL p101, v200, z40, tool0;
ENDPROC
```

5. 程序调试

先用逻辑仿真器调试程序，程序运行正确后，再联机调试。

项目评价

项目评价见表5-5。

表5-5 项目评价表

评价内容		分值	评分标准	得分
安装	机械安装	20	零部件牢固，松动一处扣2分；衔接处衔接不顺畅，每处扣3分	
	气路安装	10	要整齐、美观、规范	
	线路安装	20	导线连接错误，每处扣3分 电源线和信号线不区分扣2分 导线捆扎不整齐，每处扣2分	
软件编写	程序编写	5	规范、合理，错误一处扣1分	
	程序下载	5	不能下载到PLC内扣5分	
	功能调试	30	功能不全，缺一处扣5分	
安全文明操作	遵守安全文明操作规程	10	违反安全操作规程，酌情扣3～10分	

拓展练习

① 熟悉机器人分类储存单元工艺流程，调整零部件安装位置，改变工件传递方向，工件由右端放入，向左方传递。

② 熟悉S7-200 SMART软件，根据机器人分类储存单元工艺流程，采用置位、复位指令编写机器人分类储存单元控制程序，使设备正常运行。

③ 把机器人分类储存单元和搬运单元、供料单元连在一起形成一条小型自动线，完成设备的安装及程序，使之能对一批工件自动分拣并分放在不同的料仓。

④ 总结机器人分类储存单元的安装及调试过程，完成实训报告。

项目六

DLDS-500AR 生产线的整体装调

知识目标

① 掌握整个 DLDS-500AR 模块化柔性生产线各部分的连接关系；

② 掌握整个 DLDS-500AR 模块化柔性生产线各部分的气路和电路原理；

③ 掌握西门子 S7-200 SMART 的程序设计方法。

技能目标

① 正确安装、调试整个 DLDS-500AR 模块化柔性生产线的机械零部件和气动元件；

② 正确安装、调试整个 DLDS-500AR 模块化柔性生产线的各种传感器；

③ 正确连接整个 DLDS-500AR 模块化柔性生产线的气路、电路；

④ 根据整个 DLDS-500AR 模块化柔性生产线的工作流程编写及调试 PLC 控制程序。

项目描述

DLDS-500AR 模块化柔性生产线由供料、搬运、装配、机器人码垛 4 个单元组成，各单元设有独立的控制系统，各设置一台 PLC，PLC 之间可通过对射式光电开关进行 I/O 通信、RS485 串行通信、工业以太网通信等方式互联，组成分布式控制系统。

红、黑色塑料试验工件和银色金属试验工件，通过 DLDS-500AR 模块化柔性生产线的供料单元逐一取出；经搬运单元的凹槽检测，把深度不合格的工件放置到废料仓，把合格的工件传送到装配单元；合格的工件经装配单元的颜色及材质检测，配置相应的配块；带有配块的工件，根据颜色及材质不同，由机器人分别放置到不同的储存区。

认真分析各单元的机构组成及工作原理，安装、调整各单元，并根据如下控制流程设计控制程序，完成设备的动作功能。

控制流程描述如下：

① 准备：断开 PLC 与编程设备的连接，关闭 PLC 电源，关闭气源，清除工作单元上的所有工件，同时单元不处于初始位置，旋钮处于手动位置，二联件压力设定

为 5bar。

② 打开电源，打开气源（在教师指导下才能操作）。

③ 复位灯闪烁，闪烁频率为 1Hz。

④ 按一下复位按钮。

⑤ 复位灯灭，各单元回到初始位置。

⑥ 复位完成后开始灯闪烁。

⑦ 按一下启动按钮。

⑧ 开始灯常亮，各单元能循环独立动作。

自动运行模式：

① 各单元能独立动作正常后，旋钮开关转到自动位置。

② 各单元开始灯闪烁。

③ 把工件放置到供料单元的料仓中，配块放置到装配单元的配块筛选区。

④ 按一下触摸屏启动按钮。

⑤ 开始灯常亮，各单元向前一单元发送准备就绪信号。

⑥ 供料单元首先运行。

⑦ 工件过来后，搬运单元运行，检测和传送工件。

⑧ 有合格的工件后，装配单元运行，工件装配上配块，传送到下一单元。

⑨ 工件到达后，机器人码垛单元运行，把工件根据颜色及材质不同，由机器人分别放置到不同的储存区。

⑩ 步骤⑤～⑨不断运行，直到供料单元料仓中没有了工件。

⑪ 按下“停止”键，各单元完成各自动作后停止，开始灯灭，停止灯亮。

⑫ 按下“复位”键后，各单元立即停止当前动作，进行复位动作。

项目分析

对 DLDS-500AR 模块化柔性生产线各单元，首先熟悉资料原理，然后动手操作，完成任务及操作步骤如下：

① 熟悉各单元的基本结构和工作原理；

② 熟悉各单元的机械部件构成，并进行机械安装；

③ 各单元传送装置的衔接调整；

④ 掌握气动元件的应用及气路原理，并进行气路安装；

⑤ 理解电气原理，进行线路连接；

⑥ 能对各动作机构进行手动调试；

⑦ 进行各单元 PLC 程序设计及调试；

⑧ 生产线整体运行。

知识链接

1. 认识以太网

以太网是一种差分（多点）网络，最多可有 32 个网段、1024 个节点。以太网可实现高速（高达 100Mbit/s）、长距离（铜缆：最远约为 1.5km；光纤：最远约为 4.3km）数据传输。

S7-200 SMART 系列 PLC 以太网连接包括针对以下设备的连接：

① 编程设备。

② S7-200 SMART CPU 间的 GET/PUT 通信。

③ HMI 显示器。

2. TCP/IP 协议

TCP/IP 以太网可以将 S7-200 SMART CPU 连接到工业以太网网络。工业以太网网络包括以下功能：

① 基于 TCP/IP 通信标准进行通信。

② 工厂安装的 MAC 地址。

③ 自动检测全双工或半双工通信，10 Mbit 和 100 Mbit。

④ 多个连接：

a. 最多八个 HMI 连接。

b. 一个编程员连接。

c. 最多八个 GET/PUT 主动连接。

d. 最多八个 GET/PUT 被动连接。

3. 本地/远程伙伴连接

本地/远程伙伴连接定义两个通信伙伴的逻辑分配以建立通信连接。通过以下内容定义连接：

① 涉及的通信伙伴（一个主动，一个被动）。

② 连接类型（编程设备、HMI、CPU 或其他设备）。

③ 连接路径（网络、IP 地址、子网掩码、网关）。

主动设备建立连接，被动设备则接受或拒绝来自主动设备的连接请求。建立连接后，可通过主动设备对该连接进行自动维护，并通过主动和被动设备对其进行监视。

如果连接终止，主动设备将尝试重新建立连接。被动设备也将注意到连接出现终止并采取行动（例如，撤销新断开连接的主动设备的密码权限）。

S7-200 SMART CPU 既是主动设备，又是被动设备。主动设备（例如，运行 STEP 7-MicroWIN SMART 的计算机或 HMI）建立连接时，CPU 将根据连接类型以及给定连接类型所允许的连接数量来决定是接受还是拒绝连接请求。

4. 以太网网络组态类型

使用 S7-200 SMART CPU 以太网网络时，有四种不同类型的通信连接，如表 6-1 所示。

表 6-1 S7-200 SMART 以太网网络类型

序号	图示	说明
1		将 CPU 连接到编程设备

续表

序号	图示	说明
2		将 CPU 连接到 HMI
3		将 CPU 连接到另一个 S7-200 SMART CPU
4	1 1—CSM1277 以太网交换机	有两个以上的 CPU 或 HMI 设备的网络需要以太网交换机 可以使用安装在机架上的 CSM1277 4 端口以太网交换机来连接多个 CPU 和 HMI 设备

5. 分配 Internet 协议（IP）地址

（1）为编程设备和网络设备分配 IP 地址

如果编程设备使用板载适配器卡连接到 LAN（可能是万维网），则编程设备和 CPU 必须处于同一子网中。IP 地址与子网掩码相结合即可指定设备的子网。

网络 ID 是 IP 地址的第一部分（前三个八位位组）（例如，211.154.184.16），它决定用户所在的 IP 网络。子网掩码的值通常为 255.255.255.0；然而由于您的计算机处于 LAN 中，子网掩码可能有不同的值（例如，255.255.254.0）以设置唯一的子网。子网掩码通过与设备 IP 地址进行逻辑 AND 运算来定义 IP 子网的边界。

说明：

① 在万维网环境下，编程设备、网络设备和 IP 路由器可与全世界通信，但必须分配唯一的 IP 地址以避免与其他网络用户冲突。

② 当不想将 CPU 连入公司 LAN 时，非常适合使用次级网络适配器卡。

使用桌面上的“网上邻居”分配或检查编程设备的 IP 地址。如果您使用的是 Windows 7 操作系统，您就可以通过以下菜单选项来分配或检查编程设备的 IP 地址：

① 点击“启动”。

② 点击“控制面板”。

③ 点击“网络和共享中心”。

④ 连接至 CPU 的网络适配器的“本地连接”。

⑤ 点击“属性”。

⑥ 在“本地连接属性”对话框的“此连接使用下列项目：”字段中：

a. 向下滚动到“Internet 协议版本 4（TCP/IP4）”。

b. 单击“Internet 协议版本 4（TCP/IP4）”。

c. 单击“属性”（Properties）按钮。

d. 选择“自动获得 IP 地址（DCP）”或“使用下面的 IP 地址”（可输入静态 IP 地址）。

⑦ 如果已选中“自动获得 IP 地址”，则您可能需要更改为“使用下面的 IP 地址”选项以连接到 S7-200 SMART CPU：

a. 选择与 CPU 属于同一子网的 IP 地址（192.168.2.1）。

b. 将 IP 地址设置为具有相同网络 ID 的地址（例如，192.168.2.200）。

c. 选择子网掩码 255.255.255.0。

d. 将默认网关留空。

这样您就能够连接到 CPU 了。

说明：网络接口卡和 CPU 必须位于同一子网，才能找到 CPU 并与之通信。

(2) 为项目中的设备组态或更改 IP 地址

① 以太网网络的设备 IP 信息　必须为每个连接至以太网网络的 S7-200 SMART CPU 输入以下 IP 信息：

a. IP 地址（IP Address）：每个设备必须具有一个 Internet 协议（IP）地址。使用此地址在更加复杂的路由网络中传送数据。

说明：所有 S7-200 SMART CPU 都有下列默认 IP 地址——192.168.2.1；必须为网络上的每台设备设定一个唯一的 IP 地址。

b. 子网掩码：子网是已连接的网络设备的逻辑分组。在局域网中，子网中的节点彼此之间的物理位置通常相对接近。

说明：子网掩码 255.255.255.0 通常适用于本地网络。

c. 默认网关 IP 地址：网关（或 IP 路由器）是 LAN 之间的链路。LAN 中的计算机可使用网关向其他网络发送消息，这些网络可能还隐含着其他 LAN。网关依靠 IP 地址来传送和接收数据包。

② 组态或更改以太网端口的 IP 信息　有三种方法可组态或更改以太网端口的 IP 信息：

a. 在“通信”对话框中组态 IP 信息（动态 IP 信息）。

b. 在“系统块”对话框中组态 IP 信息（静态 IP 信息）。

c. 在用户程序中组态 IP 信息（动态 IP 信息）。

③ 在“通信”对话框中组态 IP 信息（动态 IP 信息）　通过“通信”对话框进行的 IP 信息更改立即生效，无需下载项目。要访问此对话框，需执行表 6-2 所示操作之一。

表 6-2　打开通信设置方式

序号	图示	操作
1		在导航栏中单击“通信”按钮
2	项目1 CPU ST40 程序块 符号表 状态图表 数据块 系统块 交叉引用 通信 向导 工具 指令	在项目树中，选择“通信”节点，然后按下“Enter”键，或双击“通信”节点

可选择以下两种方式之一来访问 CPU：

a. 对于“已发现 CPU”，可通过“通信对话框”与您的 CPU 建立连接：

• 单击“网络接口卡”下拉列表，为编程设备选择“TCP/IP”网络接口卡。

• 单击“查找 CPU”按钮，将显示本地以太网网络中所有可操作 CPU。

• 高亮显示 CPU，然后单击“确定”。

b. 对于“已添加 CPU”，可通过“通信对话框”与 CPU 建立连接：

• 单击“网络接口卡”下拉列表，为编程设备选择“TCP/IP”网络接口卡（NIC）。

• 单击“添加 CPU”按钮，执行以下任意一项操作：输入编程设备可访问但不属于本地网络 CPU 的 IP 地址，或直接输入位于本地网络中 CPU 的 IP 地址。

• 高亮显示 CPU，然后单击“确定”。

要输入或更改 IP 信息，需执行以下操作：

a. 单击所需的 CPU。

b. 如果需要标识要组态或更改的 CPU，单击“闪烁指示灯”按钮。

c. 单击“编辑”按钮，可对 IP 信息进行更改。

d. 更改以下 IP 信息：IP 地址、子网掩码、默认网关、站名。

e. 按下“设置”按钮。按下“设置”按钮后，将在 CPU 中更新这些值。

f. 完成后，单击“确定”。

④ 在“系统块 ”对话框中组态 IP 信息（静态 IP 信息） 在“系统块”中进行的 IP 信息组态或更改为项目的一部分，在将项目下载至 CPU 前不会生效。要访问此对话框，需执行表 6-3 所示操作之一。

表 6-3 打开 IP 信息框的方式

序号	图示	操作
1		在导航栏中单击“系统块”按钮
2	项目1 CPU ST40 程序块 符号表 状态图表 数据块 系统块 交叉引用 通信 向导 工具 指令	在项目树中，选择“系统块”节点，然后按下“Enter”键，或双击“系统块”节点

要输入或更改 IP 信息，需执行以下操作：

a. 如果尚未选中，则单击“IP 地址数据固定为下面的值，不能通过其他方式更改”复选框。以太网端口 IP 信息字段启用。

b. 输入或更改以下 IP 信息：IP 地址、子网掩码、默认网关、站名。

⑤ 在用户程序中组态 IP 信息（动态 IP 信息） SIP_ADDR 指令将 CPU 的 IP 地址设置为在其“ADDR”输入中找到的值，将 CPU 的子网掩码设置为在其“MASK”输入中找到的值，并将 CPU 网关设置为在其“GATE”输入中找到的值。

通过 SIP_ADDR 指令进行的 IP 信息组态或更改立即生效，无需下载项目。使用 SIP _ ADDR 指令设置的 IP 地址信息存储在 CPU 中的永久存储器中。

（3）搜索以太网网络上的 CPU 和设备

可在“通信”对话框中搜索和标识连接到以太网网络的 S7-200 SMART CPU。要访问此对话框，需执行表 6-4 中所示操作之一。

表 6-4　通信对话框打开方式

序号	选项	说明
1		导航栏中的通信按钮
2	项目1 CPU ST40 程序块 符号表 状态图表 数据块 系统块 交叉引用 通信 向导 工具 指令	项目树中的通信
3	组件 窗口	“视图”菜单功能区的“窗口”区域内“组件”下拉列表中的“通信”

“通信”对话框通过创建设备状态自动检测给定以太网网络上所有已连接且可用的 S7-200 SMART CPU。如图 6-1 所示，选择 CPU 后，列出以下有关该 CPU 的详细信息：

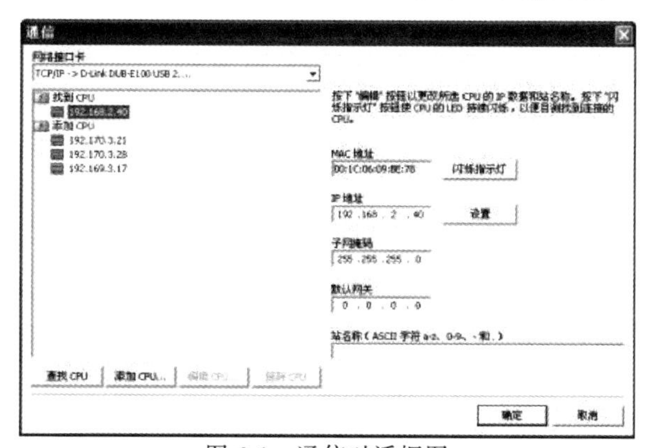

图 6-1　通信对话框图

① MAC 地址。

② IP 信息。

③ 站名。

6. 查找 CPU 上的以太网（MAC）地址

在以太网网络中，“介质访问控制”地址（MAC 地址）是制造商为了标识网络接口而分配的标识符。MAC 地址通常用制造商的注册标识号进行编码。

说明：每个 CPU 在出厂时都已装载了一个永久、唯一的 MAC 地址。

MAC 地址印在 CPU 正面左上角位置（图 6-2）。请注意，必须打开上面的门才能看到 MAC 地址信息。

7. HMI 与 CPU 通信

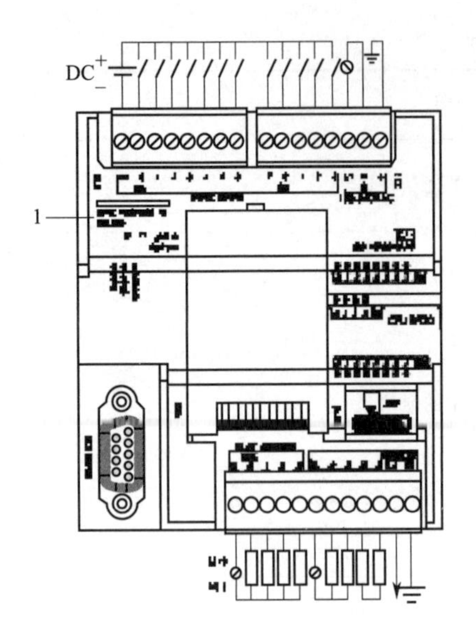

图 6-2 MAC 地址位置图
1—MAC 地址

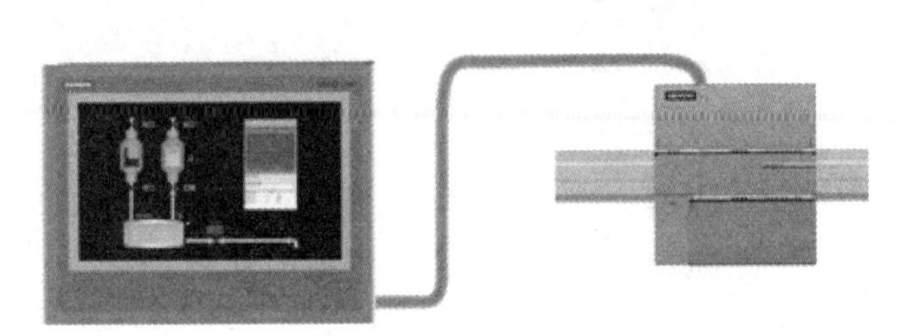

图 6-3 CPU 和 HMI 连接图

CPU 支持通过以太网端口与 HMI 通信（图 6-3）。设置 CPU 和 HMI 之间的通信时必须考虑以下要求：

① 必须为 CPU 组态一个 IP 地址。

② 必须设置并组态 HMI，以便连接 CPU 的 IP 地址。

③ 一对一通信不需要以太网交换机；网络中有两个以上的设备时需要以太网交换机。

CPU 和 HMI 之间的通信功能：

① HMI 可以对 CPU 读/写数据。

② 可基于从 CPU 重新获取的信息触发消息。

③ 系统诊断。

任务实施

一、模块化柔性生产线的安装与调试

DLDS-500AR 模块化柔性生产线由供料、搬运、装配、机器人码垛 4 单元组成，生产线的安装包含机械的安装与调试、气路、电路的连接与调试，具体参阅相关项目内容，各部分衔接关系如图 6-4 所示，安装顺序如下所述。

① 组装各单元传送装置：供料单元的供料、摆缸传送装置；搬运单元的接料、传送装置；装配单元的工件传送装置；机器人码垛单元的接料装置。

② 各单元传送装置的固定与位置调整，使供料单元的供料台、旋转摆臂、搬运单元的接料台、手臂移动导轨、装配单元的工件传送皮成一条直线，且高度合适。

③ 装配单元的配块筛选、提取、挡料装置的安装与调整，搬运单元的废料滑槽的安装与调整，机器人码垛单元的料仓的安装等。

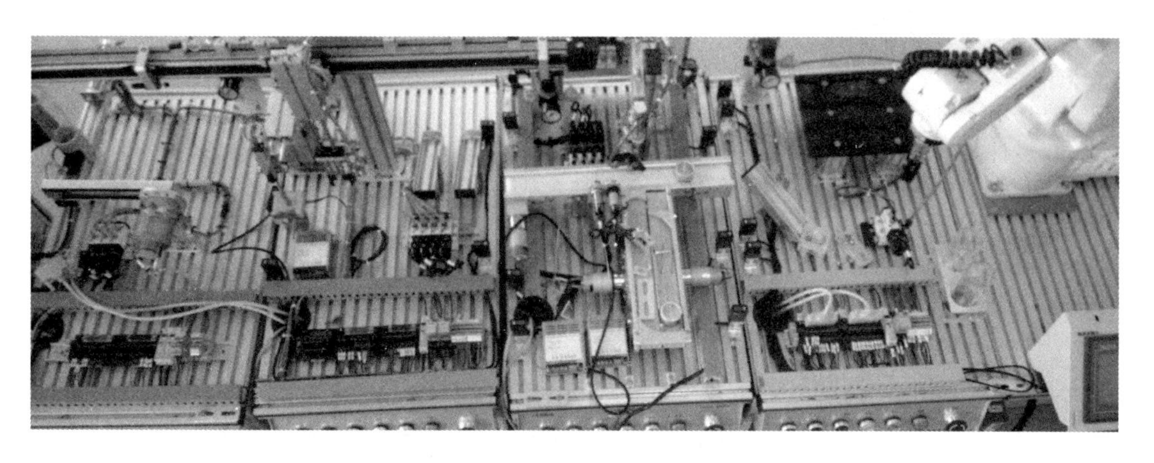

图 6-4 生产线各部分安装位置图

④ 电器件的安装。
⑤ 气路元件安装与气路的连接。
⑥ 传感器及电路连接。

二、模块化柔性生产线的硬件调试

① 机械：不能松动，运行顺畅。
② 气路：连接正确，运行平稳。
③ 逐个检查 I/O 接口是否正确。

三、模块化柔性生产线的程序设计及调试

1. 触摸屏界面

触摸屏界面见图 6-5。

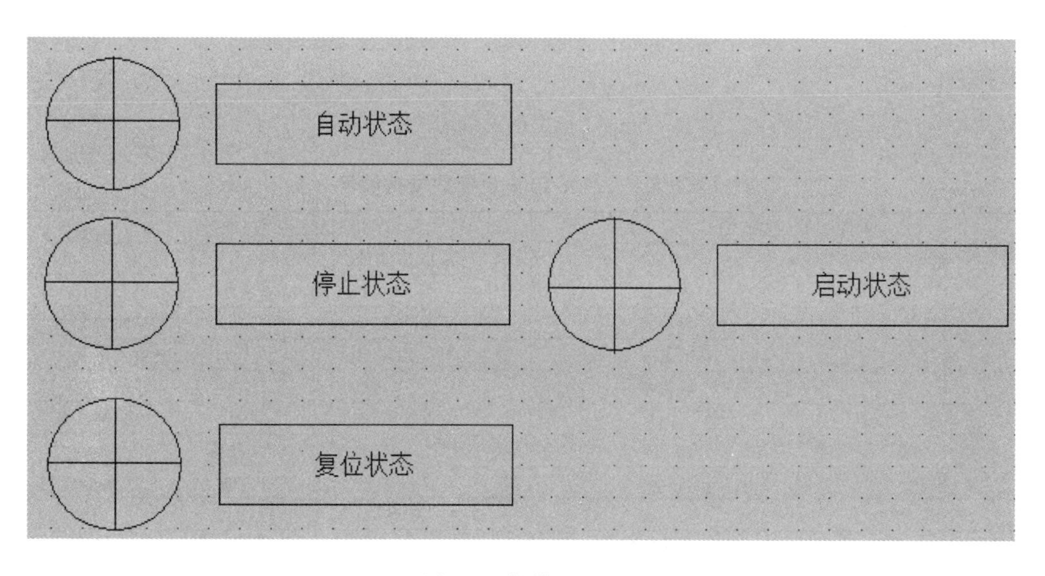

图 6-5 触摸屏界面

2. PLC 通信设置

本生产线可采取 PLC 的 I/O 通信和以太网通信两种方式。

(1) I/O 通信方式

在多种 PLC 通信方式中，通过 I/O 通信较为简单，本生产线可采用 PLC 的 I/O 对 8 副对射式光电传感器的控制，进行 4 台 PLC 的通信，连接关系如图 6-6 所示。

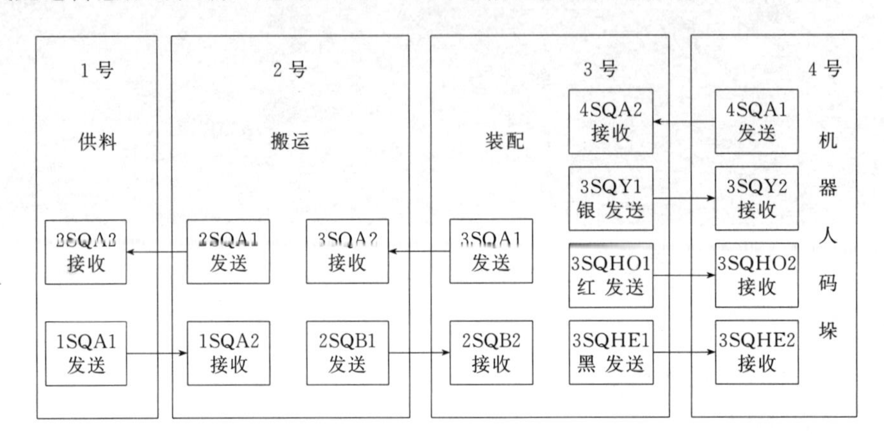

图 6-6 4 台 PLC 之间的 I/O 通信连接图

(2) 以太网通信方式

4 台 PLC 通过以太网交换机连接，触摸屏直接连接供料单元的 PLC，连接关系如图 6-7 所示，数据地址如表 6-5 所示。

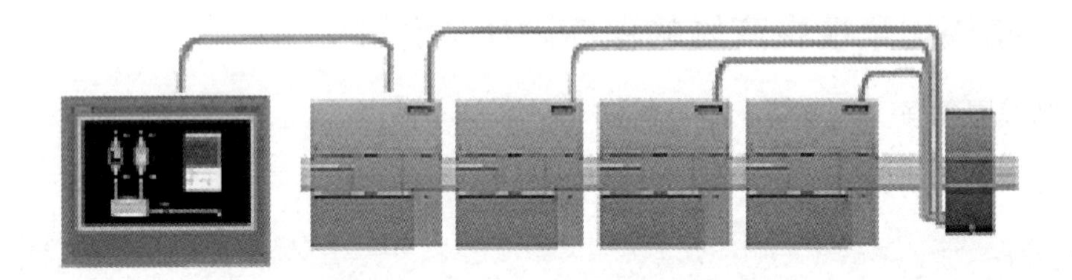

图 6-7 以太网通信连接图

表 6-5 各单元 PLC 通信数据地址表

1 单元接收(地址 11)		2 单元接收(地址 22)	
地址	含义	从站地址	含义
M17.0	屏启动	V2000.0	主单元启动
M17.1	屏停止	V2000.1	主单元急停
M17.2	屏复位	V2000.2	主单元复位
M17.3	屏急停	V2000.3	1 单元完成
M10.4		V2000.4	3 单元准备就绪
1 单元发送		2 单元发送	
地址	含义	从站地址	含义
v1008.0		V2008.0	
v1008.1	1 单元完成	V2008.1	2 单元完成
v1008.2		V2008.2	2 单元准备就绪
v1008.3		V2008.3	启动状态

续表

3 单元接收(地址 33)		4 单元接收(地址 44)	
从站地址	含义	从站地址	含义
V3000.0	主单元启动	V4000.0	主单元启动
V3000.1	主单元急停	V4000.1	主单元急停
V3000.2	主单元复位	V4000.2	主单元复位
V3000.3	2 单元完成	V4000.3	3 单元完成
V3000.4	4 单元准备就绪	V4000.4	工件红色
		V4000.5	工件黑色
		V4000.6	工件银色
3 单元发送		4 单元发送	
从站地址	含义	从站地址	含义
V3008.0		V4008.0	
V3008.1	3 单元完成	V4008.1	
V3008.2	3 单元准备就绪	V4008.2	4 单元准备就绪
V3008.3	启动状态	V4008.3	启动状态
V3008.4	工件红色		
V3008.5	工件黑色		
V3008.6	工件银色		

3. PLC 梯形图

(1) 供料单元

① 符号表如下:

			符号	地址
1			按钮启动	I0.0
2			按钮停止	I0.1
3			按钮手自动	I0.2
4			按钮复位	I0.4
5			按钮急停	I0.5
6			位供料缩回	I0.6
7			位供料到位	I0.7
8			位料仓有料	I1.0
9			位左摆到位	I1.2
10			位右摆到位	I1.3
11			急停状态	M0.0
12			复位状态	M0.1
13			启动状态	M0.2
14			停止状态	M0.3
15			运行状态	M0.4
16			灯启动	Q0.0
17			灯停止	Q0.1
18			灯复位	Q0.2
19			电磁阀供料	Q0.4
20			电磁阀右摆	Q0.5
21			电磁阀真空	Q0.6

② 主程序如下：

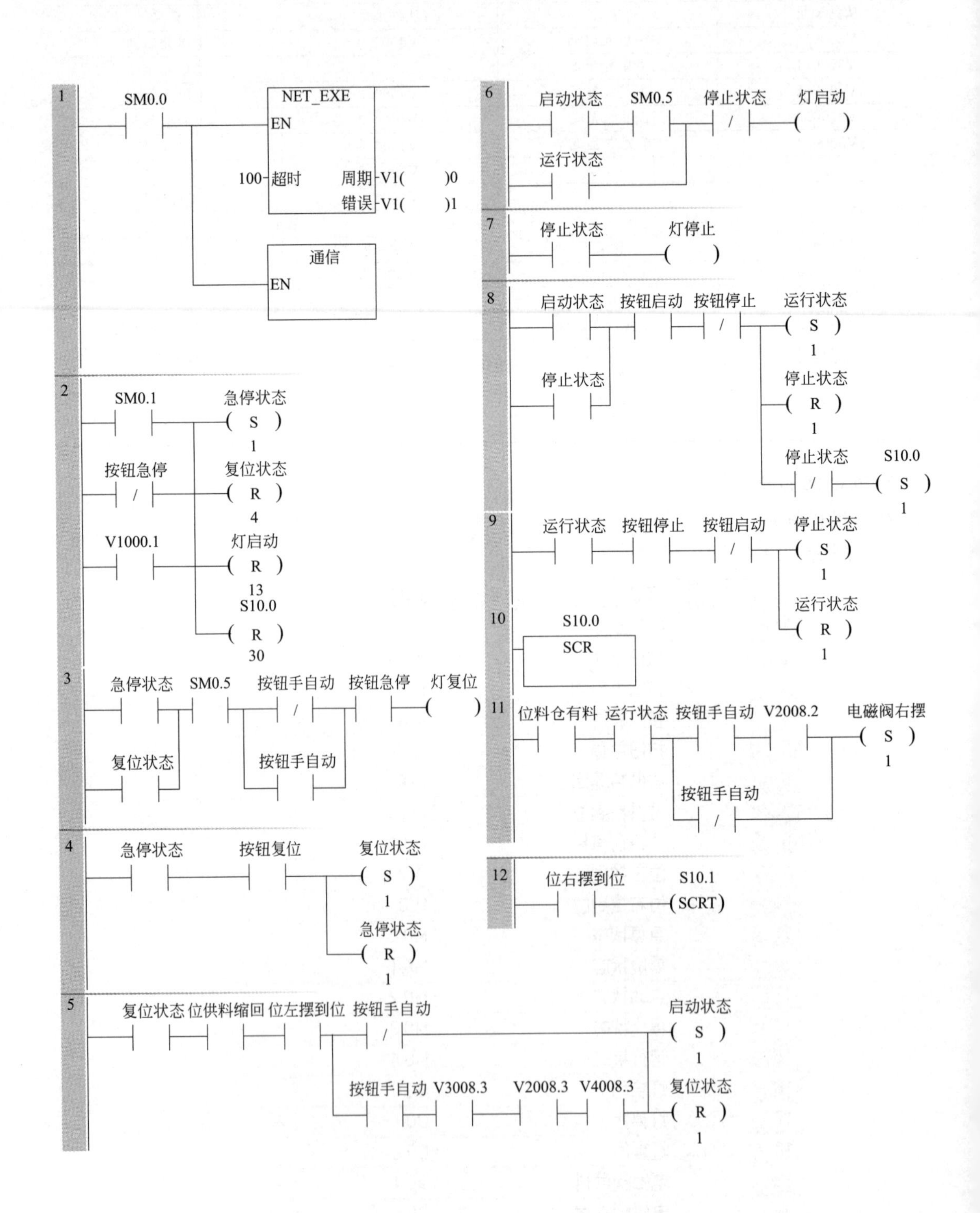
1
SM0.0
NET_EXE
EN
100
超时
周期
V1(
)0
错误
V1(
)1
通信
EN
2
SM0.1
急停状态
S
1
按钮急停
复位状态
R
4
V1000.1
灯启动
R
13
S10.0
R
30
3
急停状态
SM0.5
按钮手自动
按钮急停
灯复位
复位状态
按钮手自动
4
急停状态
按钮复位
复位状态
S
1
急停状态
R
1
5
复位状态
位供料缩回
位左摆到位
按钮手自动
启动状态
S
1
按钮手自动
V3008.3
V2008.3
V4008.3
复位状态
R
1
6
启动状态
SM0.5
停止状态
灯启动
运行状态
7
停止状态
灯停止
8
启动状态
按钮启动
按钮停止
运行状态
S
1
停止状态
停止状态
R
1
停止状态
S10.0
S
1
9
运行状态
按钮停止
按钮启动
停止状态
S
1
运行状态
R
1
10
S10.0
SCR
11
位料仓有料
运行状态
按钮手自动
V2008.2
电磁阀右摆
S
1
按钮手自动
12
位右摆到位
S10.1
SCRT

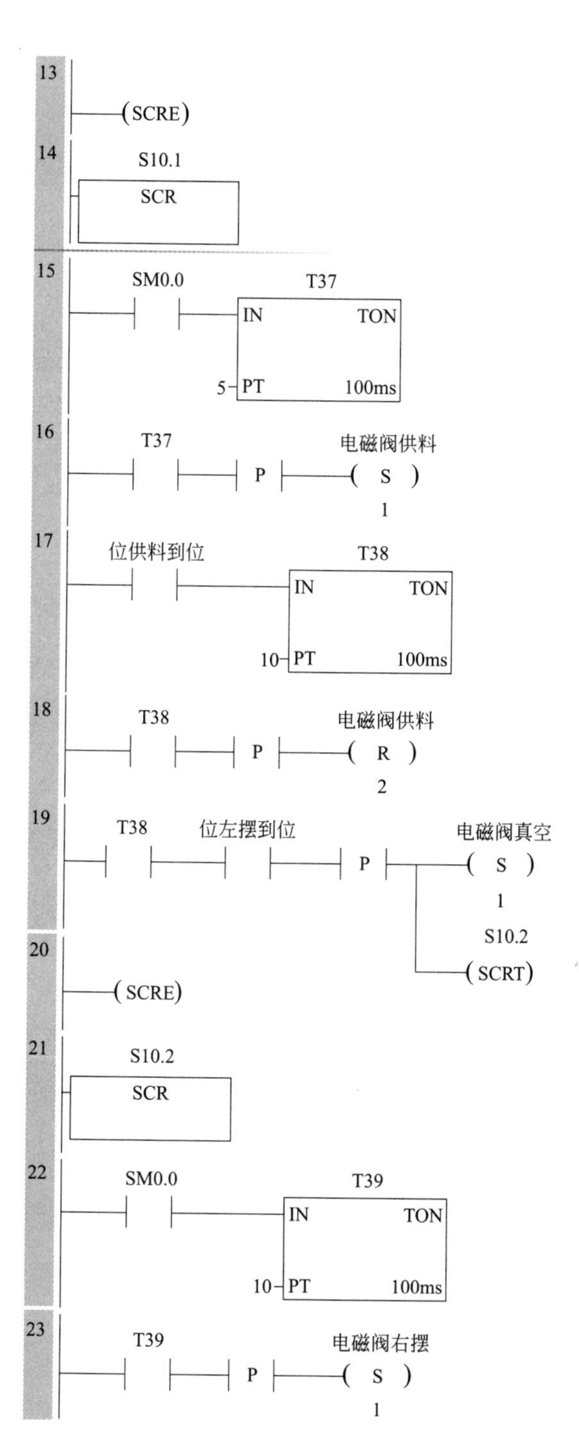
13
SCRE
14
S10.1
SCR
15
SM0.0
T37
IN
TON
5
PT
100ms
16
T37
P
电磁阀供料
S
1
17
位供料到位
T38
IN
TON
10
PT
100ms
18
T38
P
电磁阀供料
R
2
19
T38
位左摆到位
P
电磁阀真空
S
1
S10.2
SCRT
20
SCRE
21
S10.2
SCR
22
SM0.0
T39
IN
TON
10
PT
100ms
23
T39
P
电磁阀右摆
S
1

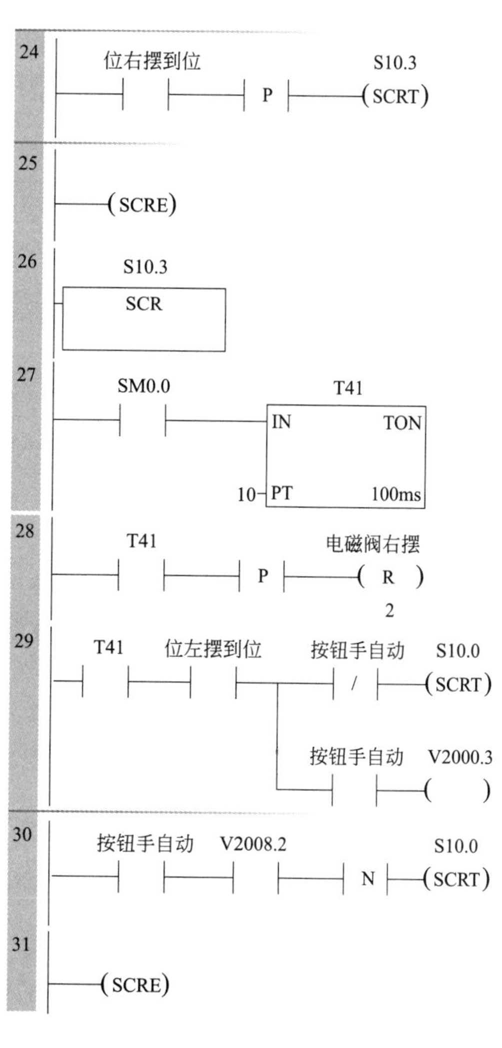
24
位右摆到位
P
S10.3
SCRT
25
SCRE
26
S10.3
SCR
27
SM0.0
T41
IN
TON
10
PT
100ms
28
T41
P
电磁阀右摆
R
2
29
T41
位左摆到位
按钮手自动
S10.0
SCRT
按钮手自动
V2000.3
30
按钮手自动
V2008.2
N
S10.0
SCRT
31
SCRE

③ 通信子程序如下：

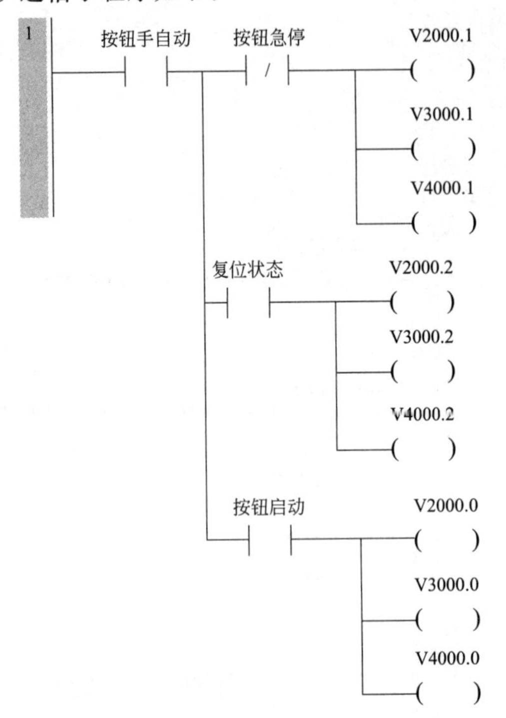

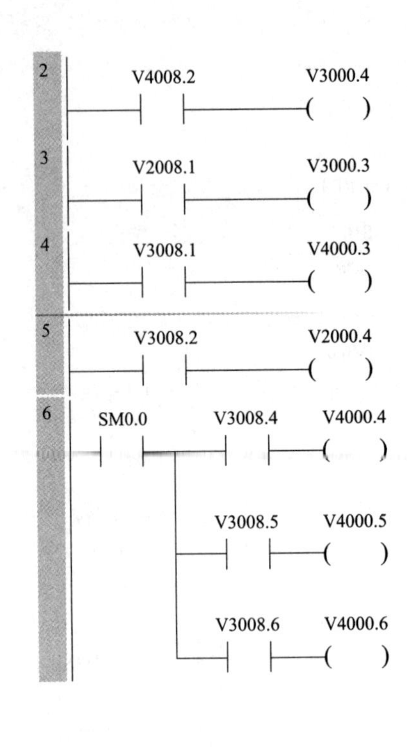

（2）搬运单元

① 符号表如下：

			符号	地址
1			按钮启动	I0.0
2			按钮停止	I0.1
3			按钮手自动	I0.2
4			位下降到位	I0.3
5			按钮复位	I0.4
6			按钮急停	I0.5
7			位检测落下	I0.6
8			位检测伸出	I0.7
9			位置1	I1.0
10			位置2	I1.1
11			位置3	I1.2
12			位置4	I1.3
13			位入口光纤	I1.4
14			直流电机左限	I1.7
15			直流电机右限	I2.0
16			位夹紧	I2.1
17			急停状态	M0.0
18			复位状态	M0.1
19			启动状态	M0.2
20			停止状态	M0.3
21			运行状态	M0.4
22			灯启动	Q0.0
23			灯停止	Q0.1
24			灯复位	Q0.2
25			电磁阀检测下降	Q0.4
26			电磁阀检测伸出	Q0.5
27			电磁阀下降	Q0.6
28			电磁阀夹紧	Q0.7
29			电机左行	Q1.0
30			电机右行	Q1.1

② 主程序如下：

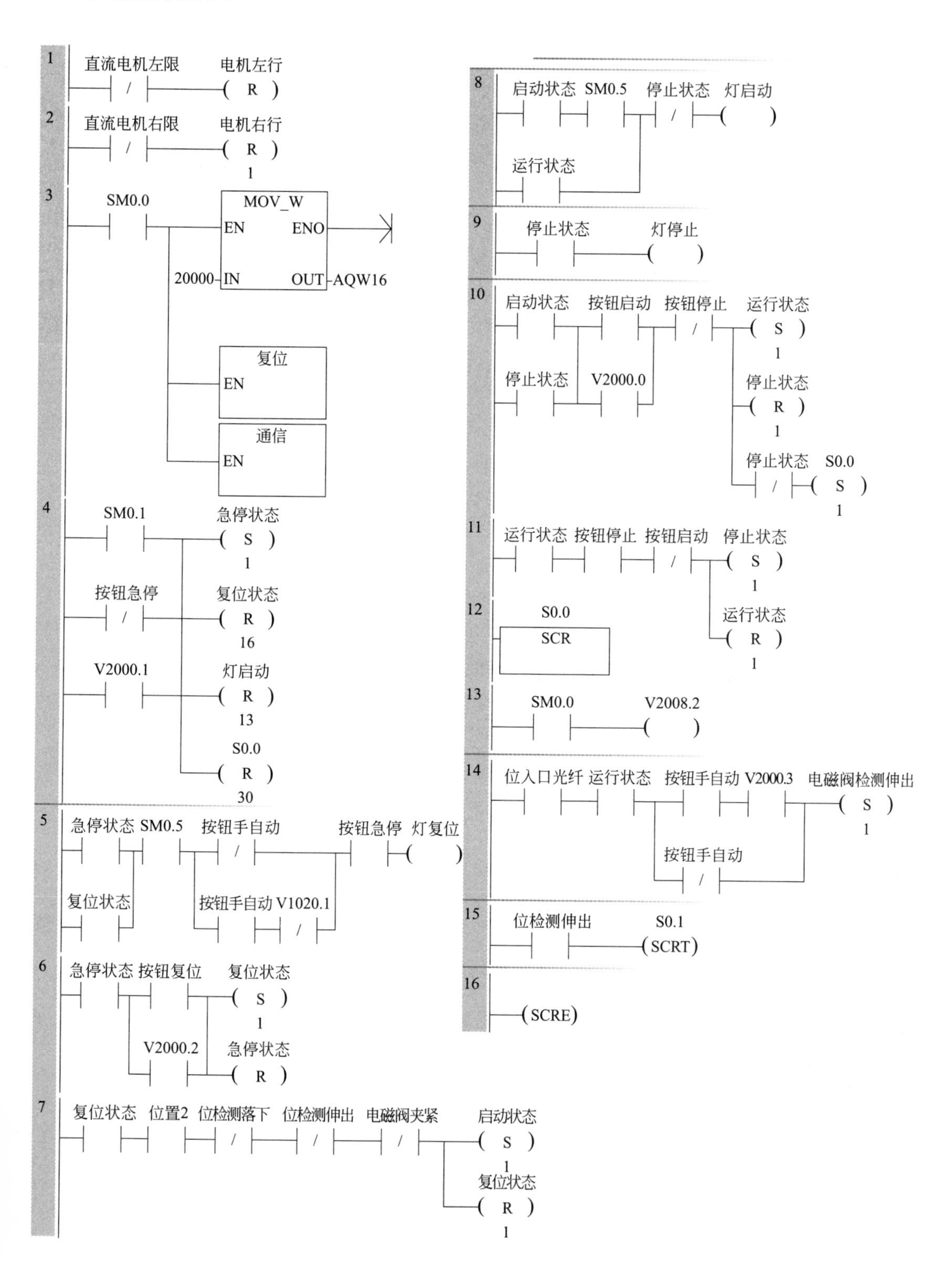
1
直流电机左限
电机左行
R
2
直流电机右限
电机右行
R
1
3
SM0.0
MOV_W
EN
ENO
20000
IN
OUT
AQW16
复位
EN
通信
EN
4
SM0.1
急停状态
S
1
按钮急停
复位状态
R
16
V2000.1
灯启动
R
13
S0.0
R
30
5
急停状态
SM0.5
按钮手自动
按钮急停
灯复位
复位状态
按钮手自动
V1020.1
6
急停状态
按钮复位
复位状态
S
1
V2000.2
急停状态
R
7
复位状态
位置2
位检测落下
位检测伸出
电磁阀夹紧
启动状态
S
1
复位状态
R
1
8
启动状态
SM0.5
停止状态
灯启动
运行状态
9
停止状态
灯停止
10
启动状态
按钮启动
按钮停止
运行状态
S
1
停止状态
V2000.0
停止状态
R
1
停止状态
S0.0
S
1
11
运行状态
按钮停止
按钮启动
停止状态
S
1
运行状态
R
1
12
S0.0
SCR
13
SM0.0
V2008.2
14
位入口光纤
运行状态
按钮手自动
V2000.3
电磁阀检测伸出
S
1
按钮手自动
15
位检测伸出
S0.1
SCRT
16
SCRE

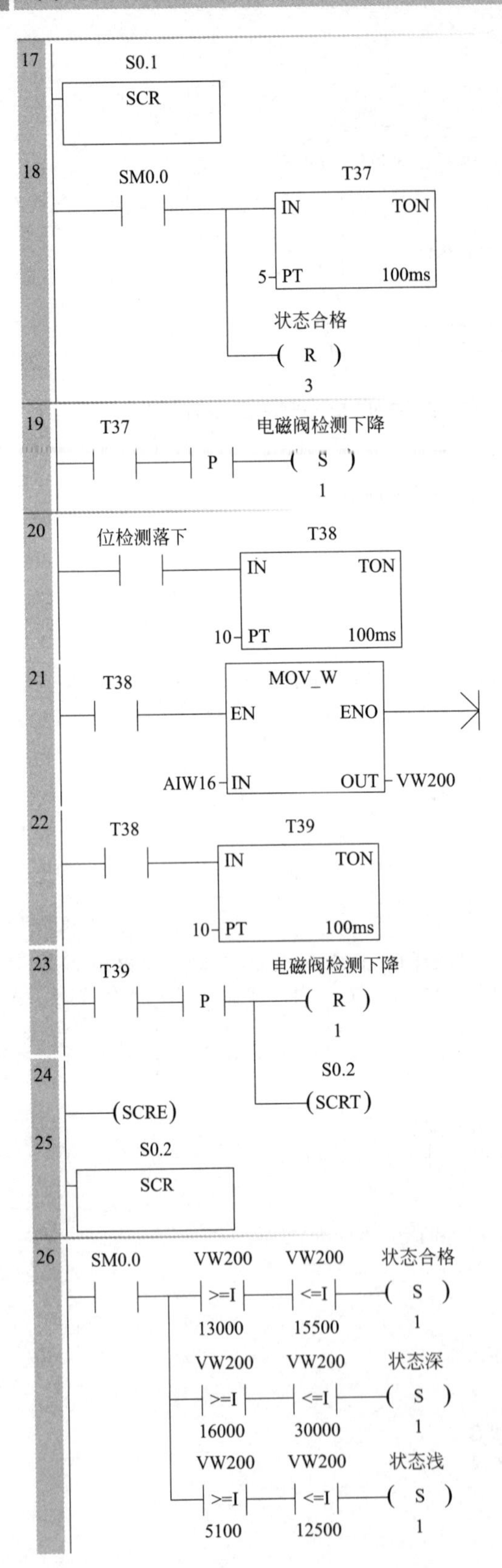
17
S0.1
SCR
18
SM0.0
T37
IN TON
5 PT 100ms
状态合格
R
3
19
T37
电磁阀检测下降
P
S
1
20
位检测落下
T38
IN TON
10 PT 100ms
21
T38
MOV_W
EN ENO
AIW16 IN OUT VW200
22
T38
T39
IN TON
10 PT 100ms
23
T39
电磁阀检测下降
P
R
1
24
S0.2
SCRT
SCRE
25
S0.2
SCR
26
SM0.0
VW200 >=I 13000
VW200 <=I 15500
状态合格
S
1
VW200 >=I 16000
VW200 <=I 30000
状态深
S
1
VW200 >=I 5100
VW200 <=I 12500
状态浅
S
1

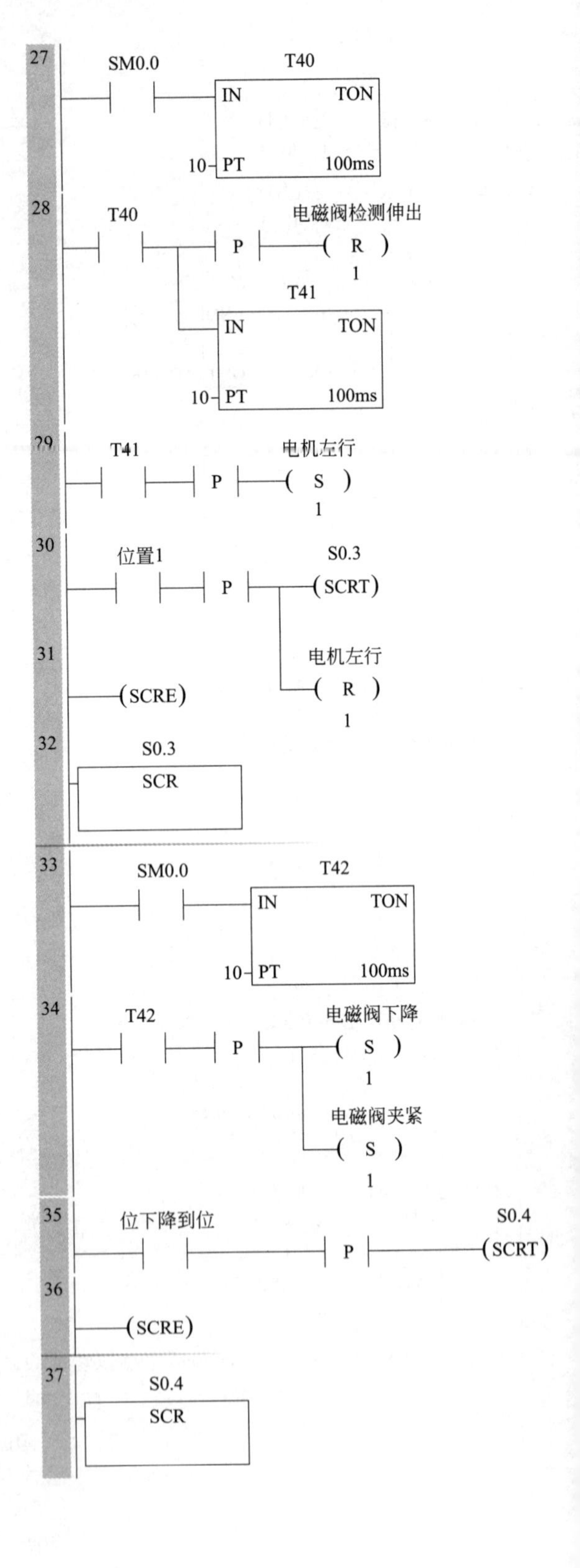
27
SM0.0
T40
IN TON
10 PT 100ms
28
T40
电磁阀检测伸出
P
R
1
T41
IN TON
10 PT 100ms
29
T41
电机左行
P
S
1
30
位置1
S0.3
P
SCRT
31
电机左行
SCRE
R
1
32
S0.3
SCR
33
SM0.0
T42
IN TON
10 PT 100ms
34
T42
电磁阀下降
P
S
1
电磁阀夹紧
S
1
35
位下降到位
S0.4
P
SCRT
36
SCRE
37
S0.4
SCR

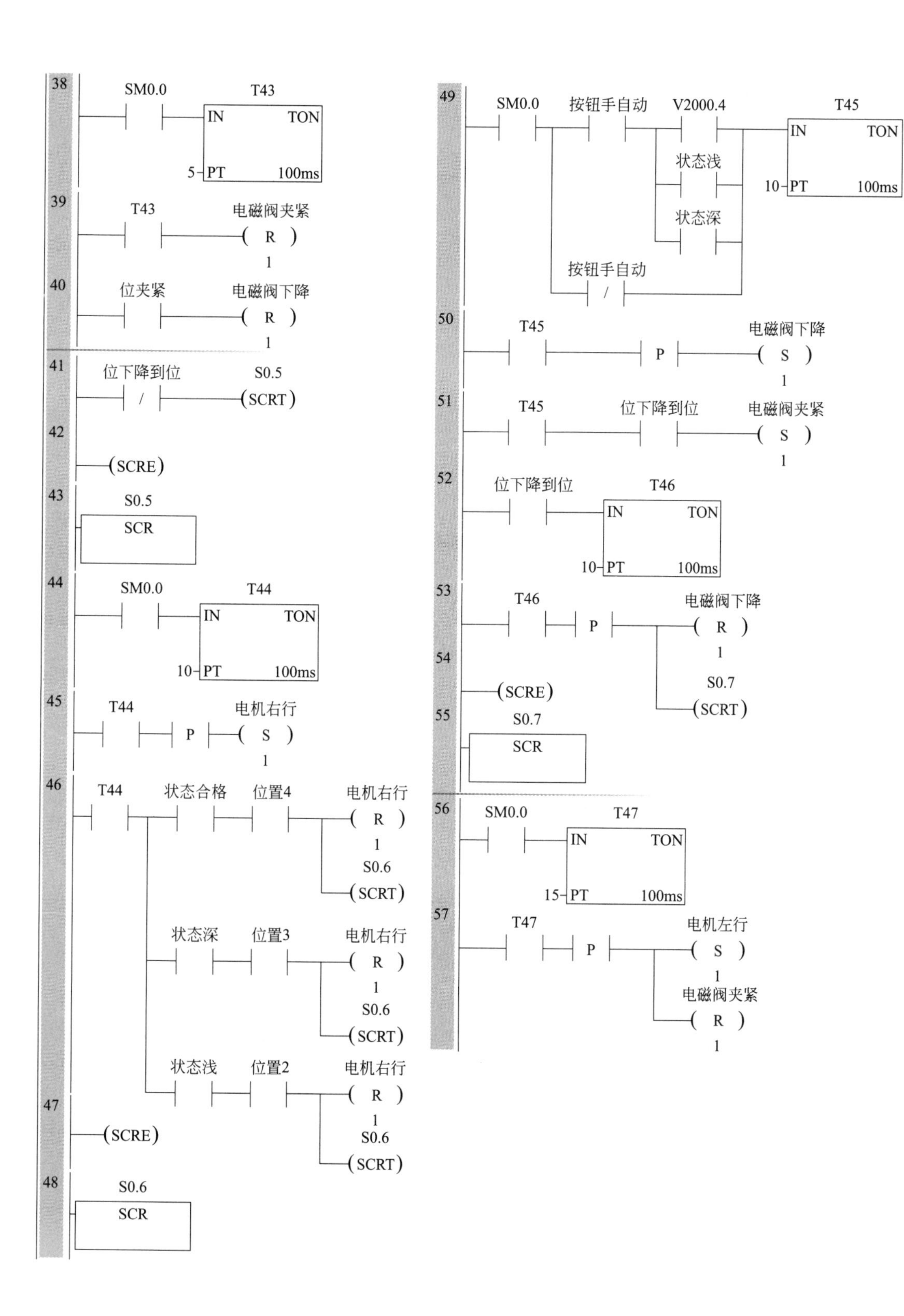
38
SM0.0
T43
IN
TON
5
PT
100ms
39
T43
电磁阀夹紧
R
1
40
位夹紧
电磁阀下降
R
1
41
位下降到位
S0.5
SCRT
42
SCRE
43
S0.5
SCR
44
SM0.0
T44
IN
TON
10
PT
100ms
45
T44
P
电机右行
S
1
46
T44
状态合格
位置4
电机右行
R
1
S0.6
SCRT
状态深
位置3
电机右行
R
1
S0.6
SCRT
状态浅
位置2
电机右行
R
1
S0.6
SCRT
47
SCRE
48
S0.6
SCR
49
SM0.0
按钮手自动
V2000.4
T45
IN
TON
状态浅
状态深
10
PT
100ms
按钮手自动
50
T45
P
电磁阀下降
S
1
51
T45
位下降到位
电磁阀夹紧
S
1
52
位下降到位
T46
IN
TON
10
PT
100ms
53
T46
P
电磁阀下降
R
1
54
SCRE
S0.7
SCRT
55
S0.7
SCR
56
SM0.0
T47
IN
TON
15
PT
100ms
57
T47
P
电机左行
S
1
电磁阀夹紧
R
1

58 位置2 电机左行 R 1
按钮手自动 / S0.0 SCRT
状态深
状态浅
按钮手自动 状态深 状态浅 / / V2008.1
V2000.4 N S0.0 SCRT
59 SCRE

③ 复位子程序如下：

1 复位状态 P 位置2 / 电机左行 S 1
位置1 P 电机右行 S 1
电机左行 R 1
位置2 电机左行 R 2

④ 通信子程序如下：

1 启动状态:M0.2 V2008.3

（3）装配单元

① 符号表如下：

项目	符号	地址	项目	符号	地址
1	按钮启动	I0.0	15	盖子光纤 1	I2.3
2	按钮停止	I0.1	16	盖子光纤 2	I2.4
3	按钮手自动	I0.2	17	盖子电感	I2.5
4	按钮复位	I0.4	29	灯启动	Q0.0
5	按钮急停	I0.5	30	灯复位	Q0.1
6	位挡料抬起	I0.6	31	灯报警	Q0.2
7	位高度下降	I1.0	32	电磁阀挡料	Q0.3
8	位高度抬起	I1.1	33	电磁阀升降	Q0.4
9	位双轴伸出	I1.2	34	电磁阀伸出	Q0.5
10	位双轴缩回	I1.3	35	电磁阀吸盘	Q0.6
11	位盖子到达	I1.6	36	电机传送带	Q0.7
12	料块光电	I2.0	37	电机 2 上行	Q1.0
13	料块电容	I2.1	38	电机 2 下行	Q1.1
14	料块电感	I2.2	39	电机 3 下行	Q1.3

② 主程序如下：

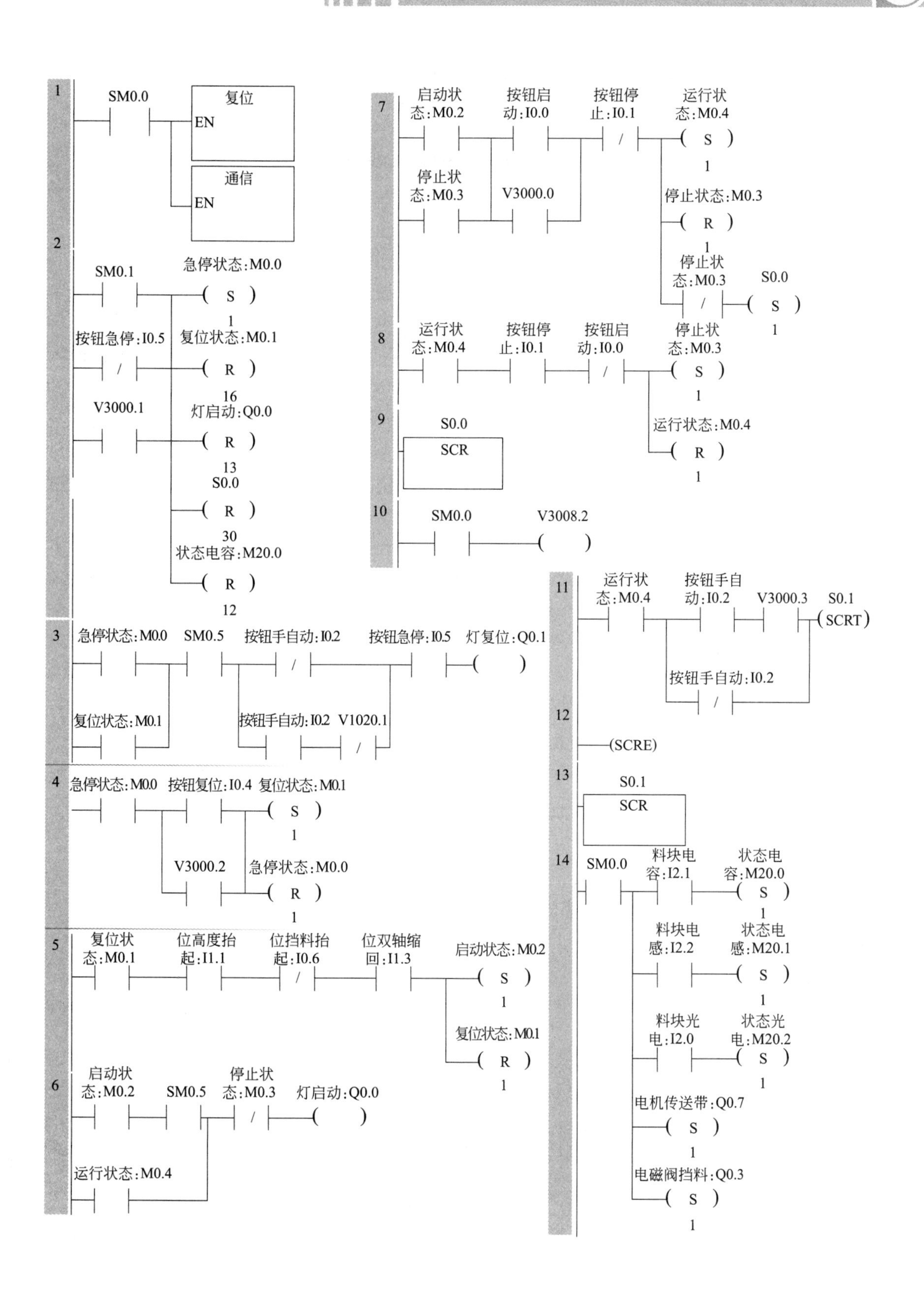
1
SM0.0
复位
EN
通信
EN
2
SM0.1
急停状态:M0.0
S
1
按钮急停:I0.5
复位状态:M0.1
R
16
V3000.1
灯启动:Q0.0
R
13
S0.0
R
30
状态电容:M20.0
R
12
3
急停状态:M0.0
SM0.5
按钮手自动:I0.2
按钮急停:I0.5
灯复位:Q0.1
复位状态:M0.1
按钮手自动:I0.2
V1020.1
4
急停状态:M0.0
按钮复位:I0.4
复位状态:M0.1
S
1
V3000.2
急停状态:M0.0
R
1
5
复位状态:M0.1
位高度抬起:I1.1
位挡料抬起:I0.6
位双轴缩回:I1.3
启动状态:M0.2
S
1
复位状态:M0.1
R
1
6
启动状态:M0.2
SM0.5
停止状态:M0.3
灯启动:Q0.0
运行状态:M0.4
7
启动状态:M0.2
按钮启动:I0.0
按钮停止:I0.1
运行状态:M0.4
S
1
停止状态:M0.3
V3000.0
停止状态:M0.3
R
1
停止状态:M0.3
S0.0
S
1
8
运行状态:M0.4
按钮停止:I0.1
按钮启动:I0.0
停止状态:M0.3
S
1
运行状态:M0.4
R
1
9
S0.0
SCR
10
SM0.0
V3008.2
11
运行状态:M0.4
按钮手自动:I0.2
V3000.3
S0.1
SCRT
按钮手自动:I0.2
12
SCRE
13
S0.1
SCR
14
SM0.0
料块电容:I2.1
状态电容:M20.0
S
1
料块电感:I2.2
状态电感:M20.1
S
1
料块光电:I2.0
状态光电:M20.2
S
1
电机传送带:Q0.7
S
1
电磁阀挡料:Q0.3
S
1

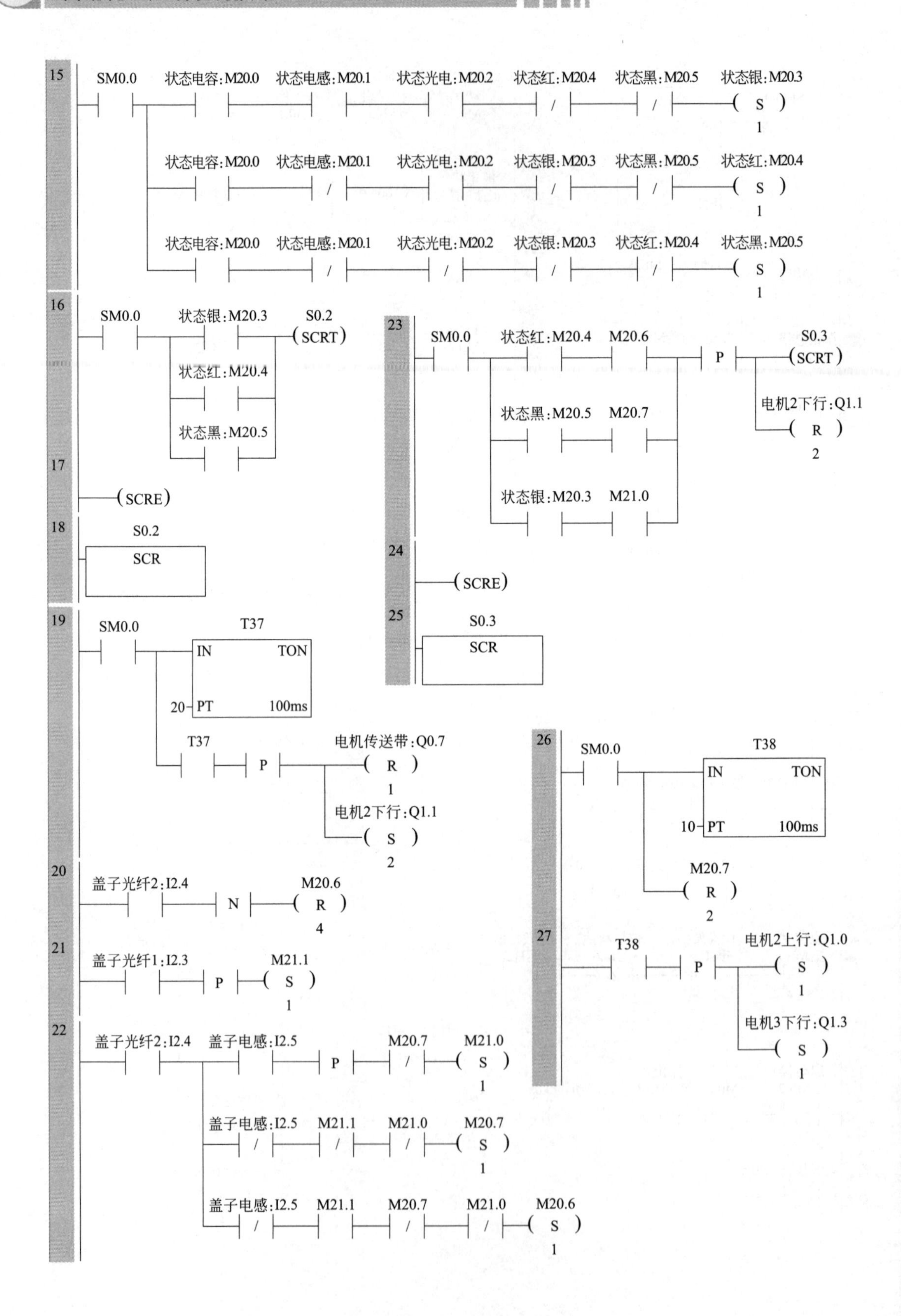
15
SM0.0
状态电容:M20.0
状态电感:M20.1
状态光电:M20.2
状态红:M20.4
状态黑:M20.5
状态银:M20.3
S
1
状态电容:M20.0
状态电感:M20.1
状态光电:M20.2
状态银:M20.3
状态黑:M20.5
状态红:M20.4
S
1
状态电容:M20.0
状态电感:M20.1
状态光电:M20.2
状态银:M20.3
状态红:M20.4
状态黑:M20.5
S
1
16
SM0.0
状态银:M20.3
S0.2
SCRT
状态红:M20.4
状态黑:M20.5
17
SCRE
18
S0.2
SCR
19
SM0.0
T37
IN
TON
20
PT
100ms
T37
P
电机传送带:Q0.7
R
1
电机2下行:Q1.1
S
2
20
盖子光纤2:I2.4
N
M20.6
R
4
21
盖子光纤1:I2.3
P
M21.1
S
1
22
盖子光纤2:I2.4
盖子电感:I2.5
P
M20.7
M21.0
S
1
盖子电感:I2.5
M21.1
M21.0
M20.7
S
1
盖子电感:I2.5
M21.1
M20.7
M21.0
M20.6
S
1
23
SM0.0
状态红:M20.4
M20.6
P
S0.3
SCRT
电机2下行:Q1.1
R
2
状态黑:M20.5
M20.7
状态银:M20.3
M21.0
24
SCRE
25
S0.3
SCR
26
SM0.0
T38
IN
TON
10
PT
100ms
M20.7
R
2
27
T38
P
电机2上行:Q1.0
S
1
电机3下行:Q1.3
S
1

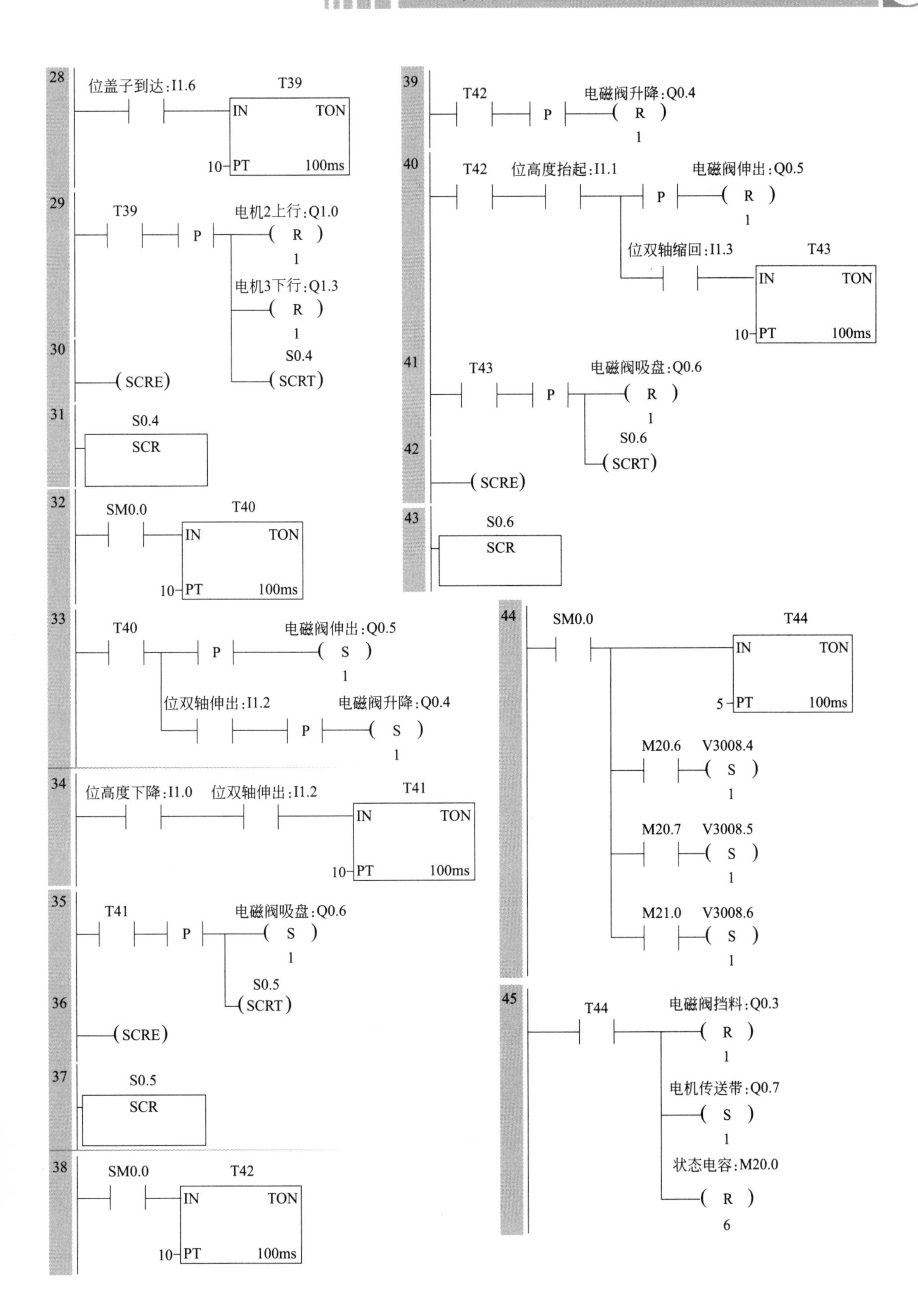
28
位盖子到达:I1.6
T39
IN TON
10-PT 100ms
29
T39
P
电机2上行:Q1.0
R
1
电机3下行:Q1.3
R
1
30
S0.4
SCRT
SCRE
31
S0.4
SCR
32
SM0.0
T40
IN TON
10-PT 100ms
33
T40
P
电磁阀伸出:Q0.5
S
1
位双轴伸出:I1.2
P
电磁阀升降:Q0.4
S
1
34
位高度下降:I1.0
位双轴伸出:I1.2
T41
IN TON
10-PT 100ms
35
T41
P
电磁阀吸盘:Q0.6
S
1
S0.5
SCRT
36
SCRE
37
S0.5
SCR
38
SM0.0
T42
IN TON
10-PT 100ms
39
T42
P
电磁阀升降:Q0.4
R
1
40
T42
位高度抬起:I1.1
P
电磁阀伸出:Q0.5
R
1
位双轴缩回:I1.3
T43
IN TON
10-PT 100ms
41
T43
P
电磁阀吸盘:Q0.6
R
1
S0.6
SCRT
42
SCRE
43
S0.6
SCR
44
SM0.0
T44
IN TON
5-PT 100ms
M20.6
V3008.4
S
1
M20.7
V3008.5
S
1
M21.0
V3008.6
S
1
45
T44
电磁阀挡料:Q0.3
R
1
电机传送带:Q0.7
S
1
状态电容:M20.0
R
6

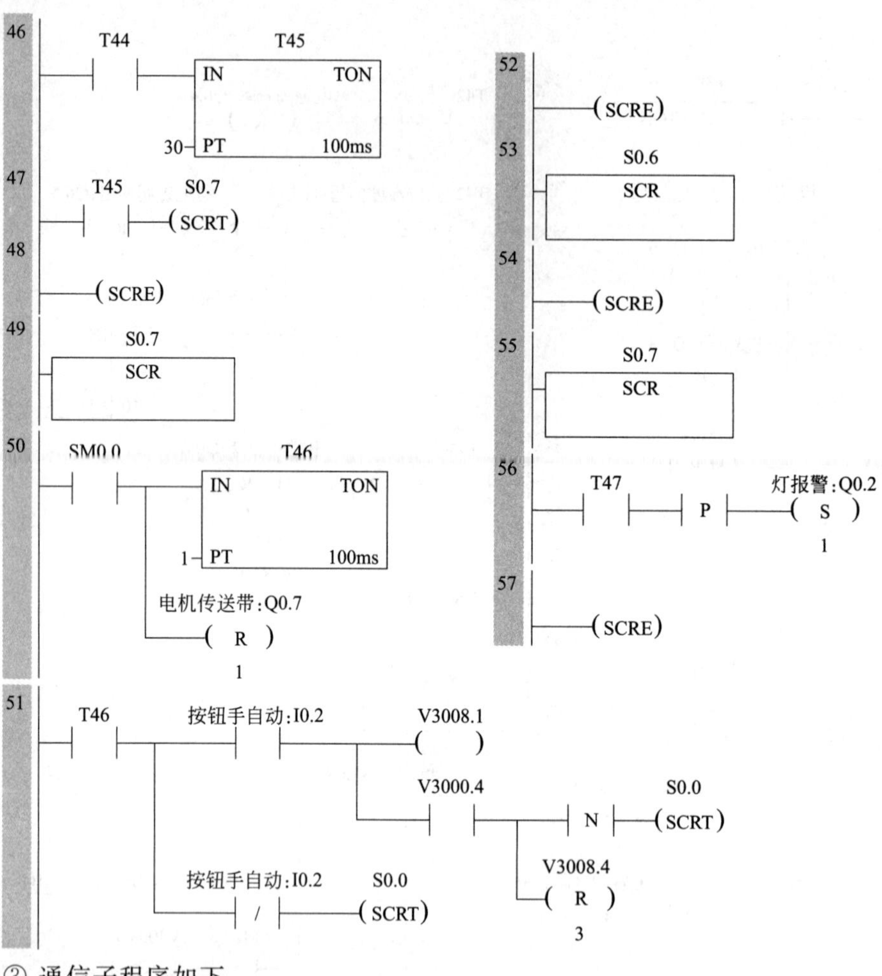

③ 通信子程序如下：

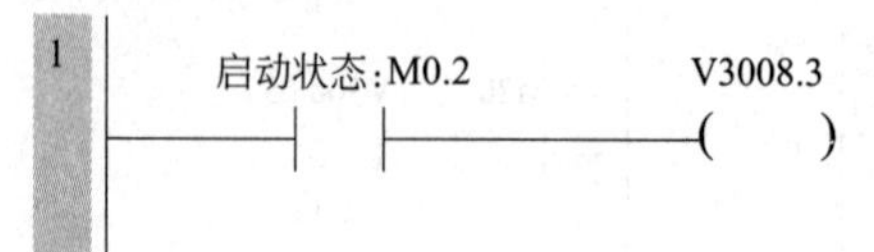

(4) 机器人码垛单元

① 符号表如下：

项目	符号	地址	项目	符号	地址
1	位工作台光纤	I0.0	11	停止状态	M0.3
2	按钮启动	I0.1	12	运行状态	M0.4
3	按钮停止	I0.2	13	灯启动	Q0.0
4	按钮手自动	I0.3	14	灯复位	Q0.1
5	按钮复位	I0.4	15	IN1 开始回到原点	Q0.3
6	按钮急停	I0.5	16	IN2 启动	Q0.4
7	DO1 回到原点	I1.2	17	IN3_红色工件	Q0.5
8	急停状态	M0.0	18	IN4_黑色工件	Q0.6
9	复位状态	M0.1	19	IN5_银色工件	Q0.7
10	启动状态	M0.2			

② 主程序如下：

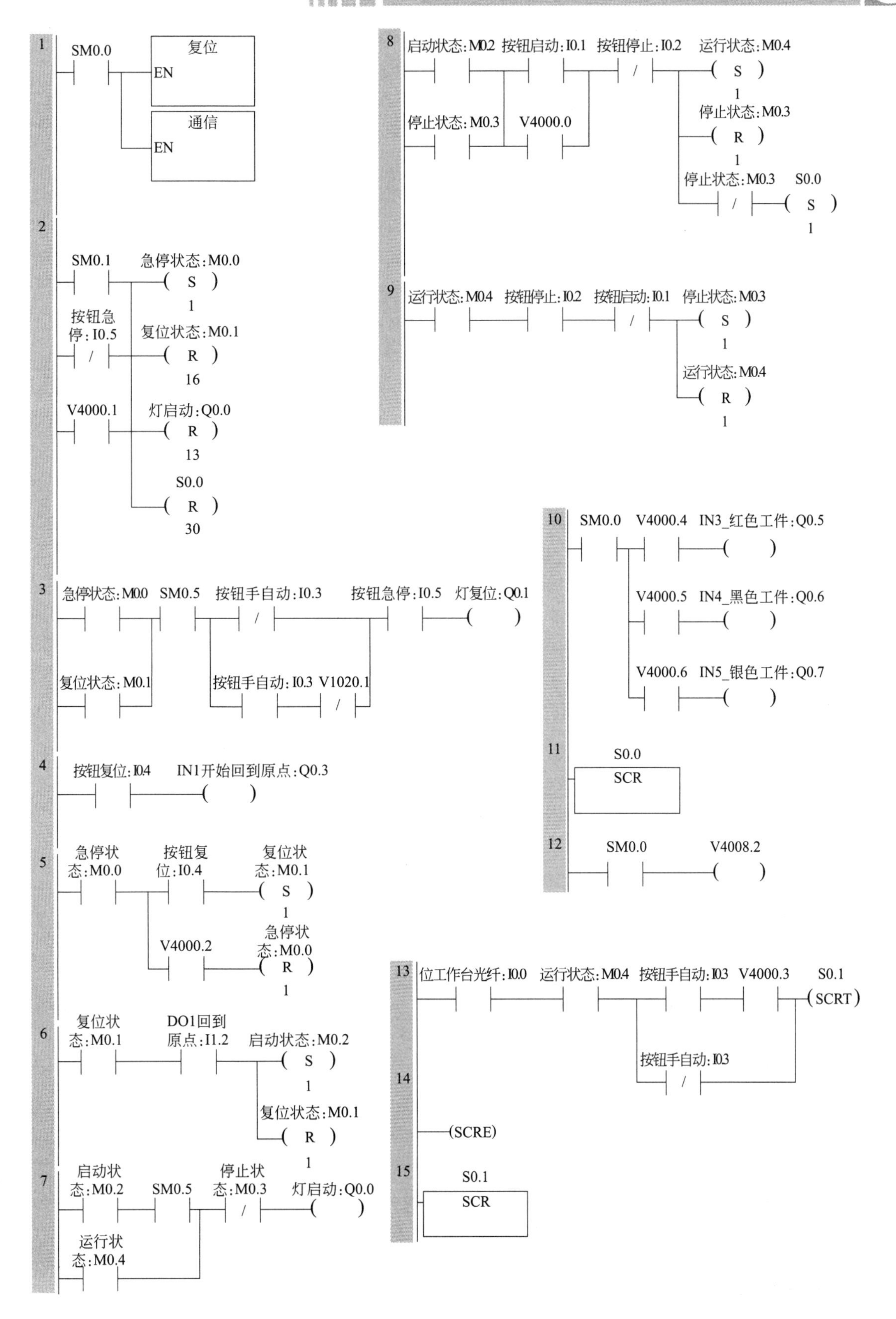
1
SM0.0
复位
EN
通信
EN
2
SM0.1
急停状态:M0.0
S
1
按钮急停:I0.5
复位状态:M0.1
R
16
V4000.1
灯启动:Q0.0
R
13
S0.0
R
30
3
急停状态:M0.0
SM0.5
按钮手自动:I0.3
按钮急停:I0.5
灯复位:Q0.1
复位状态:M0.1
按钮手自动:I0.3
V1020.1
4
按钮复位:I0.4
IN1开始回到原点:Q0.3
5
急停状态:M0.0
按钮复位:I0.4
复位状态:M0.1
S
1
V4000.2
急停状态:M0.0
R
1
6
复位状态:M0.1
DO1回到原点:I1.2
启动状态:M0.2
S
1
复位状态:M0.1
R
1
7
启动状态:M0.2
SM0.5
停止状态:M0.3
灯启动:Q0.0
运行状态:M0.4
8
启动状态:M0.2
按钮启动:I0.1
按钮停止:I0.2
运行状态:M0.4
S
1
停止状态:M0.3
V4000.0
停止状态:M0.3
R
1
停止状态:M0.3
S0.0
S
1
9
运行状态:M0.4
按钮停止:I0.2
按钮启动:I0.1
停止状态:M0.3
S
1
运行状态:M0.4
R
1
10
SM0.0
V4000.4
IN3_红色工件:Q0.5
V4000.5
IN4_黑色工件:Q0.6
V4000.6
IN5_银色工件:Q0.7
11
S0.0
SCR
12
SM0.0
V4008.2
13
位工作台光纤:I0.0
运行状态:M0.4
按钮手自动:I0.3
V4000.3
S0.1
SCRT
按钮手自动:I0.3
14
SCRE
15
S0.1
SCR

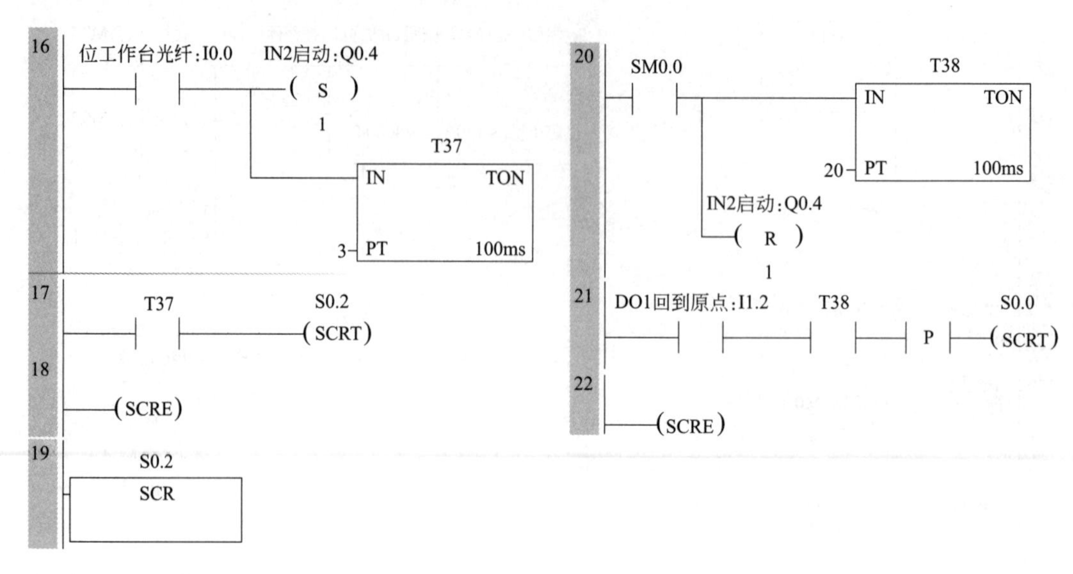

③ 复位子程序如下：

1　复位状态:M0.1　DO1回到原点:I1.2 /　IN1开始回到原点:Q0.3 (　)

④ 通信子程序如下：

1　启动状态:M0.2　V4008.3 (　)

4. 机器人控制程序

```
MODULE MainModule
CONST robtarget phome:=[[186.60,-394.66,422.54],
  [0.000277115,0.155683,-0.987334,0.0305531],[-1,-1,-1,0],
   [9E+09,9E+09,9E+09,9E+09,9E+09,9E+09]];
PROC main()
      AccSet 5, 5;
      Reset D652_10_DO9;
      MoveJ phome, v200, fine, tool0;
      Set D652_10_DO1;
      WaitDI D652_10_DI2, 1;
      Reset D652_10_DO1;
      qlk;
      IF D652_10_DI5 THEN   flt1;ENDIF
      ELSEIF D652_10_DI6 THEN   flt2;ENDIF
      ELSEIF D652_10_DI7 THEN   flt3;ENDIF
    ENDPROC
ENDMODULE
```

```
  PROC qlk()
     MoveL p20, v200, z40, tool0;
     MoveL p30, v200, fine, tool0;
     WaitTime 1;
     Set D652_10_DO9;
     WaitTime 1;
     MoveL p20, v200, z40, tool0;
   ENDPROC
   PROC flt1()
     MoveL p101, v200, z40, tool0;
     MoveL p102, v200, fine, tool0;
     WaitTime 1;
     Reset D652_10_DO9;
     WaitTime 1;
   MoveL p101, v200, z40, tool0;
   ENDPROC
     PROC flt2()
     MoveL p201, v200, z40, tool0;
     MoveL p202, v200, fine, tool0;
     WaitTime 1;
     Reset D652_10_DO9;
     WaitTime 1;
     MoveL p201, v200, z40, tool0;
  ENDPROC
    PROC flt3()
   MoveL p301, v200, z40, tool0;
     MoveL p302, v200, fine, tool0;
     WaitTime 1;
     Reset D652_10_DO9;
     WaitTime 1;
     MoveL p301, v200, z40, tool0;
ENDPROC
```

5. 程序调试

(1) 单元调试

各单元选择手动模式，先用逻辑仿真器调试，再进行设备调试。

(2) 生产线总体调试

各单元选择手动模式工作正常后，改为自动工作模式，生产线总体调试。

项目评价

项目评价见表 6-6。

表 6-6 项目评价表

评价内容		分值	评分标准	得分
安装	机械安装	20	零部件牢固,松动一处扣 2 分 衔接处衔接不顺畅,每处扣 3 分	
	气路安装	10	要整齐、美观、规范	
	线路安装	20	导线连接错误,每处扣 3 分 电源线和信号线不区分扣 2 分 导线捆扎不整齐,每处扣 2 分	
软件编写	程序编写	5	规范、合理,错误一处扣 1 分	
	程序下载	5	不能下载到 PLC 内扣 5 分	
	功能调试	30	功能不全,缺一处扣 5 分	
安全文明操作	遵守安全文明操作规程	10	违反安全操作规程,酌情扣 3～10 分	

拓展练习

① 熟悉生产线工艺流程，调整零部件安装位置，改变工件传递方向，工件由右端放入，向左方传递，储存到左部。

② 熟悉 S7-200 SMART 软件，根据生产线工艺流程，采用 RS485 通信的方法编写控制程序，使设备正常运行。

③ 总结整个生产线的安装及调试过程，完成实训报告。

参 考 文 献

[1] 雷声勇．自动化生产线装调综合实训教程．北京：机械工业出版社，2014.

[2] 周天沛，朱涛．自动化生产线的安装与调试．北京：化学工业出版社．2013.

[3] 吴明亮，樊明龙．自动化生产线技术．北京：化学工业出版社．2011.

[4] 操作员手册 IRC5 与 FlexPendant M2004. 瑞典 ABB Automation Technologies AB Robotics (c) 版权所有 2006 ABB.

[5] S7-200 SMART 系统手册．德国 Siemens AG Division Digital Factory. 2015.

[6] DLDS-500AR 柔性制造系统使用说明书．山东栋梁科技设备有限公司．